Tranquility By Tuesday

靜謐時光

平息混亂，騰出時間做要事

9 Ways to Calm the Chaos and Make Time for What Matters

Laura Vanderkam
蘿拉・范德康　著

姚怡平　譯

目錄

前言 4

第一篇 平息混亂 23

規則一 定下就寢時間 26

規則二 週五擬定計畫 55

規則三 下午三點前活動筋骨 86

第二篇 讓好事發生 113

規則四 養成一週三次的習慣 117

規則五 安排備用時段 145

規則六　一個大探險，一個小探險　171
規則七　打造自己專屬的一夜　198

第三篇　減少時間的浪費　229
規則八　分批處理小事　232
規則九　先做費力的事，再做不費力的事　257
結語　283

誌謝　290
附錄　時間滿意度量表　293
註釋　297

前言

大家都是「一天有二十四個小時」，也都過著每週一百六十八個小時的生活。然而，在人生中的某些季節，某些時刻，卻過得繃緊神經。

拿起本書，也許就意味著你的生活曾經或現在猶如被旋風掃過。早上忙著趕小孩出門，上班日被會議和截止期限追趕，晚上的降臨快得措手不及。星期一醒來，一直到停下來喘口氣，才發現突然間就星期四了。週末也必須照表操課，才能確保每個人按時去了該去的地方。完成種種事情，得花上好幾個小時的時間。

我也是這樣度過多年忙碌的生活。我那位於郊區、宛如馬戲團的家，每天都上演著養育五個子女的荒謬情景。我的孩子，賈斯普、山姆、露絲、艾力克斯、亨利，年齡從十幾歲的青少年到學步的幼兒。丈夫麥可和我得處理兩個事業的運籌事宜，卻老是有別的事情要處理。疫情這幾年，我們買了一棟歷史悠久的房子整修，還把一隻小狗帶回家養，提升了生活的難度——但這些都是自己的選擇，也是自己的期望——不過卻也導致我們的生活變得像是小丑——用六根棍子旋轉著六個盤子。某個線上會議前，工人突然過來修理某個壞了很久的家電；我在線上演講的時候，狗要待在另一個的空間，而當深夜要開視訊會議，就表示平常用我筆電、接受線上教學的孩子需要使用另一台電腦。

也許，你會發現自己正在馬戲團的表演場上；也許你相信自己在場上會有很好的表現；也許你醒來就發現，一不留意，需要處理的事項就倍增。只要有行事曆和手帳，才能妥善安排一切，讓你可以照計劃不斷旋轉那些盤子，雖然很擅長轉盤子，但會耗費大量心力，很容易為了小事就生起氣來。生活好像變得步履維艱，每天的運籌帷幄花掉太多腦力，幾年的時光就此從指縫間溜過，化為無盡的煩憂感或疲憊感。

過去十五年來，我一直從事時間管理的寫作，見過了成千上萬人的行程表，跟他們細談生活的難處所在。他們常會問：「你是怎麼做到的？」

我發現那是由內心不安而發出的感慨。夏天的行程安排、會議準時開始與結束，這些技能雖是重要，卻不太是問題所在。基本上，大家想知道的是，在這星球上擁有的或多或少的時間，該怎麼樂在其中。他們不想再覺得自己永遠跟時間賽跑，不想再希望時間趕快過去。完成種種事情，或許需要一些時間，但是因為那些盤子不會奇蹟似地不再旋轉，因為我們也沒真的希望盤子變少，所以就需要學著去平息混亂，並在忙碌的日子中，自得其樂。如果你的小孩還在學走路，那你就幾乎沒時間放鬆，平日的行程都得耽擱了。等著放假，等著某個難以捉摸的未來，都顯得毫無意義。下週，生活的忙碌程度不會減少；明年，生活的忙碌程度或許也不會減少。我們必須騰出時間，現在就去做重要的事。而要做到這點，就需要務實又直接了當的策略。

時間日誌帶來的教誨

靜謐是一種平靜祥和的狀態，毫無煩躁感。一開始思考「靜謐」二字，想到的是在某座山裡閉關，靜靜冥想。沒有庭院裡發出轟轟聲響的吹葉機，也沒有鄰居屋頂翻修工程不停發出的猛烈敲打聲。

然而，越是思考，就越有體會，只要周遭的生活平靜，平靜就不值得一提。正在戒酒癮的酗酒者誦唸知名的《寧靜禱文》，要「平靜接受我改變不了的事情」，「勇於改變我可以改變的事情」，此時酗酒者承受的生活往往不是一切順利。就算生活難解、面臨考驗且有時混亂，但還是以靜謐為目標。

有讀者曾向我表達這份渴望：「醒來就很期待未來。因為我很清楚，不管發生什麼樣的兩難困境，計畫早已就緒。」我想採取的一些策略，是要能讓生活更美好、更易掌控、更開心。就算是星期二，我要載小孩去參加活動，就算是要趁著鄰居那位高分貝修剪樹木的工人休息時，擠出時間錄製Podcast節目，我也還是想讓生活變得更美好。

我研究了人們的行程，還把我從自己的演講與著作當中獲得的心得感想給分享出去，在自己的生活中，試了一些最大有可為的策略。過去十年，我把這些想法全都濃縮成影響力最大的九大務實規則：

一、定下就寢時間
二、週五擬定計畫
三、下午三點前活動筋骨
四、養成一週三次的習慣
五、安排備用時段
六、一個大探險，一個小探險
七、打造自己專屬的一夜
八、分批處理小事
九、先做費力的事，再做不費力的事

上述規則是以更深刻的「時間管理」概念為中心，本書會加以探討。此外，這些規則也意味著直接了當的行動。實踐九大規則後，我的生活有所好轉，更能掌握混亂的情況，生活變得豐富又充實。不管我獲得的時間有多少，我都更懂得充分運用。我做事情不是只為了把事情放在行事曆上，更是因為我想成為好管家，把握人生中的各種機會。一見到機會，我必把握。我騰出空檔，寫作、跑步、唱歌、閱讀、探險，這樣才有心力去做其他的要事。

我親眼見識過多年忙著成家立業的人們成功運用這些策略。

舉例來說，有對夫妻的孩子年紀漸大，不會在晚上八點上床睡覺，夫妻倆晚上共度的時光就此消失，後來兩人落實「養成一週三次的習慣」之規則，從每週行程中找出哪些時間可以共進午餐，在附近的酒館小酌一杯，而同時間，年紀較大能獨自待在家的小孩就自得其樂。週末時，夫妻倆會待在門廊，聊一下天，把休息時間改造成伴侶時間。

有位教授需要時間寫一些論文刊登，卻覺得寫作的時間往往被教書的職責擠壓，後來她學習「安排備用時段」。備用時段意味著「就算人生沒按原定計畫走，重要的事還是會發生」。不出所料，她加快了交稿的步調。

還有一位忙得團團轉、養育三個小孩的軟體工程師，落實「打造自己專屬的一夜」規則，暫時放下工作責任和家庭責任，每週安排時間，跟姊妹們打網球，大幅增長人生中的樂趣。

效率時間計畫

我喜歡人們把自身的轉變回饋給我。我喜歡聆聽人們怎麼改善行程，在所屬的社群裡做出哪些正面的改變，再也不會感到疲憊不堪、措手不及。不過，這些佳話本身不足以為證。這個世界很大，只要夠努力尋找，什麼事物的佳話都找得到。我推薦東西的時候，會想知道這本心靈勵志書是否真實可信又有幫助。

為了判斷這點，就需要一些人有系統地檢驗我的規則，然後把他們人生中發生的改變，全都分享給我。

除了我本人，除了找到我的電子郵件地址的那些人，這些規則在別人身上有沒有用呢？為了釐清這點，二〇二一年春天，我展開了「效率時間」計畫，專門研究時間的運用與時間觀念，探討忙碌的人們能不能在生活中做出實際的改變，進而對自己度過的時間有更好的滿意度。我蒐集了時間滿意度的量化數據，還蒐集了參與者的生活行程田野觀察。

最後約有一百五十人完成了這項為期十週的計畫。百分之六十五的參與者為了賺取薪資，每週工作時數超過三十五小時；百分之七十一的參與者有未滿十八歲、同住的小孩。

研究開始時，參與者會填寫一日的時間日誌，回報自己前一天是怎麼過的，這種做法能了解參與者對時間採取的基本行為與態度。參與者會閱讀各種不同的時間滿意度句子，然後回答自己有多反對或同意（滿分為七分），例如：「昨天，我在事業目標上有所進展。」、「昨天，我有充分的心力去處理自己的責任。」（完整的時間滿意度量表，請參閱附錄。）參與者回答的問題牽涉到他們關心的具體事項，也牽涉到哪種做法有用、哪種做法沒用。

我有點擔心，怕我列出的開放式問題，忙碌的人會隨便回答，但事實證明我不該擔心的。當我請參與者思考他們度過的時間和生活時，每個人都由衷提出個人想法，說他們很難平息混亂，很難為重要事物騰出時間。多年來過得匆促忙碌，會有這種想法，並不陌生。

- 「我通常等到最後一刻才做事情，搞得自己壓力很大。」
- 「儘管我覺得自己用的規劃系統相當不錯，但還是一直覺得在趕來趕去，很少覺得一切都在掌握之中。」
- 「我有個壞習慣，那就是會徹底高估自己一天或一週能完成的事情。我放任自己擬定不切實際的待辦清單，然後做的事不夠多就覺得內疚。」

- 「我浪費時間在處理事情上，比如整理、管理、維修。」
- 「我的部門人力不足，托兒服務時間短暫，通勤要一個多小時，經常身心俱疲，上班日實在很難把工作做完，週末往往不得不趁著小孩午睡時加班。」
- 「沒意義的會議太多了。」
- 「工作的時候，我想著小孩的事；跟小孩在一起的時候，想著工作的事。」
- 「我的工作待辦清單永遠沒有結束的一天。我試了很多方法劃分優先順序，但沒有一個方法管用。我打算運用午餐時間處理一些私事，午餐時間卻要工作。我打算晚餐後處理一些私事，可是洗完碗盤後就沒力氣了……所以我就覺得自己一直在把事情往後拖。」
- 「感覺生活一團混亂，有那麼多不一樣的球要拋接，有時會覺得壓力很大，措手不及。」
- 「每天的工作都做完了，但在長期的計畫或目標上，卻很難有所進展。」
- 「雖然我們很常陪小孩，但是目前我們跟小孩一起做的事情，好像沒什麼品質。」
- 「我獨處的時間很少，所以最後就是熬夜到很晚，才能有獨處的時間。」

● 「浪費太多休閒時間滑手機看負面消息，可是讓自己真正放鬆的事，卻一件也沒做。」

● 「我喜歡閱讀，喜歡運動，喜歡為了好玩就去料理，可是就算有時間，去做喜歡的事還是會覺得內疚。我很清楚，內心一直覺得應該要去做某件有生產力的事情，應該要把清單裡某件事給做完劃掉，所以原本覺得很有趣的活動，現在卻變得沒那麼有趣了。**毫無內疚感的休閒時間，可說是難上加難。**」

● 「我一直覺得每天需要再擁有多幾個小時，才有時間處理家庭和生活。」

不是所有消息都黯淡無望，人們透過反思自己的時間日誌和生活，可以看到很多好消息，例如：趕上截止時間完成許多事情，小孩要去的地方也去了。可是很多人卻回報說，他們覺得所有的時間都花在「工作或照顧小孩」上，有個人甚至認為說，他幾乎沒有時間，去進行會為生活帶來更多歡樂與意義的事情。

前述的所有難關，我全都明白。可是我也認為，就算忙碌多年，連幾分鐘的時間都很難騰出來，但還是有可能採取一些務實的步驟來應對這些難關。因為一天永遠無法多出幾個小時，所以才必須學著去運用自己手上所擁有的。

九個星期，九大規則

參與者填完最初調查問卷的九週期間，會陸續在電子郵件信箱收到郵件。每逢星期五，我會寄送郵件，簡短描述時間管理策略。然後，參與者會回答幾個問題，說明他們打算怎麼把當週的規則應用在生活中。我請他們預測自己會碰到什麼難關，請他們思考自己會怎麼應對這些難關。

每個星期一，我會寄送電子郵件，提醒他們策略的事情。每逢星期四，我會寄送後續的電子郵件，內有調查問卷，問他們這一週過得怎麼樣。是怎麼在生活中實踐每條規則？哪種做法有用？哪種做法沒用？打算繼續運用該條規則嗎？我還問他們有沒有繼續運用前一週的規則。

九個星期步入尾聲之際，參與者收到後續的調查問卷，內有一日時間日誌，還有更多問題，包括他們對自己度過的時間有何感受。我在一個月後和三個月後分別進行後續追蹤，看看哪些規則有用。

採行這九項務實的策略後，參與者確實覺得生活好轉了。參與者的時間滿意度分數有所提升，最初的調查問卷和計畫後的調查問卷相較之下，在統計數據上有很大的差異。拿計畫的開端跟九週的尾聲相比，參與者對於自己度過時間的方式，滿意度上升了百分之十六。參與者對於自己「昨天」度過時間的方式，滿意度上升了百分之十七。

這一群參與者在各項時間衡量標準上都有所改善，但最大的提升在於他們非常滿意自己度過的休閒時間，很少會覺得自己在浪費時間。拿最初的調查問卷跟最後的調查問卷相比，「昨天，我對自己度過的休閒時間感到滿意」這個句子的同意度上升了百分之二十；「昨天，我沒浪費時間去做我覺得不重要的事情」這個句子的同意度上升了百分之三十二。

看到這些數據，我很開心，但最值得一讀的，還是參與者的反思。在最後的問卷隨附的時間日誌，參與者反思著這些規則對生活帶來的影響，而我竟然看到一大堆驚嘆號。參與者提出更具體的細節，更清楚回憶起前一天是怎麼過的（拿最初問卷跟最後問卷相比，回憶分數上升了百分之七）。參與者覺知了自己在時間上所做的選擇造成的結果。有位參與者表示：「我早上六點半醒來，覺得很有精神，因為前一天晚上，十點、十點半的就寢時間一到，我就去睡覺了。」，

「我在工作時間很有生產力，因為我很清楚自己需要做哪些事情（多虧了我事先規劃這一週要做的事）。」

就算時間日誌寫了頗有難度的情況，時間滿意度還是滿高的。有位參與者採用「一個大探險，一個小探險」的規則，打算中午跟某位朋友一起野餐，但準備出發時，卻發現有人偷了她車子的觸媒轉換器。

看她的時間日誌，她還是坐車去野餐了。

有位參與者寫道，效率時間計畫「鼓勵我要安排專屬自己的時間，以便獲得喜悅與修復」。另一位寫道：「有一點最讓我驚訝，每條規則做起來都非常簡單，但每星期都帶來很大的改變。雖然尚不完美，但只要實踐一部分，就已經帶來改變。」

我認為，你在生活中也會體驗到同樣的結果。只要落實九大規則，你對於自己度過的時光也會更加心滿意足，而且不只是一般的滿意，就算是乏味的星期二，也會感到滿意。

如何閱讀本書

本書章節闡述的九大方法，可以幫助人們平息混亂並騰出時間做重要的事情，還說明了方法何以有用，背後有何觀念，怎麼應用在生活中。九大規則大致可分成以下三種：

首先是基本策略，不僅能提高幸福感，還能鼓勵人們有策略地思考時間。

其次是看哪些策略可以促成好事發生。不管人生端上桌的是什麼菜，都懂得特地把更有趣的活動排進行程裡。

最後是看怎麼減少時間上的浪費。也就是說，長期而言，多數人會想用更少時間做的那些事情，該怎麼用更少的時間完成。

要大幅提高九大規則對生活的影響，建議本書要從頭到尾閱讀一遍，先熟悉九大規則，再回頭溫習，開始依序應用九大規則。

你可以像效率時間計畫的參與者那樣，逐週依序應用規則；如果想擬定更長期的計畫，甚至也可以逐月依序應用規則。對於每條規則，請拿各章結尾的規劃問題問自己，以便思考該條規則怎麼應用在生活中。如果你預期會有難關，那就思考該怎麼應對。應用規則一陣子之後，請拿實踐問題問自己，該項策略有用嗎？你需要做出改變嗎？你面臨的難關是預料之中，還是難以預料？如果是這樣，你可以怎麼應對？

有幾條規則，譬如「先做費力的事，再做不費力的事」是可以立刻落實的，而規則「週五擬定計畫」需要幾週的時間，完整的效果才會顯現出來。還有幾條規則，像「打造自己專屬的一夜」可能需要更久的時間才會成真，而如果決定投入某件大事，需要的時間就更久了。如果你從頭到尾讀完本書一遍，然後回頭擬定一次落實一條規則的行程，那就可以把前述的差異列入考量。

在此建議依序實踐，因為九大規則是建立在彼此之上。閱讀本書時，或許會發現自己已經在實踐一些規則，至少有時是這樣。

效率時間計畫的參與者有很多都回報說，他們認真研讀生產力文獻資料，所以得知他們的時間滿意度分數大幅增加，我內心激動不已。我們全都能利用一些提示，來維持自己的良好習慣。若是進階的讀者，各章也會提供一項額外的策略，把主要的策略養成習慣以後，就可以試試額外的策略。採取下一步時，這些小改進可以幫助你在自己的生活中看見更多益處。

另一方面，你可能會覺得有些規則好像沒有用——畢竟人們的生活各有不同。效率時間的規則可以廣泛應用，但是對於自主時間不多的人——通常是因為有全職工作和照顧職責——來說，這些規則最能帶來巨大的轉變。

你或許也會認為，基於某種原因，你就是沒辦法採行其中幾條規則——也許是這樣吧，畢竟你最了解自己的處境——然而，有時抗拒感本身就頗有意思，你為何會認為某條規則就是沒用呢？這強烈的反應，或許值得一探究竟。

其他忙碌的參與者也發現，下午三點前活動筋骨，或在生活中留些空白時段等，是做得到的，或很有幫助。有時，產生強烈的反應，就表示某項策略挑戰的定見，其實是有一陣子沒被挑戰過的定見。你或可接納這份不適感，看看這份不適感會帶來什麼。

至於不喜歡規則的人呢？有位參與者建議：「如果用規則二字稱呼，會顯得太過嚴肅，那就想成是方針吧。如果對你來說不是全都很有用，也別擔心。比起毫無方針，還是加上幾個不錯的方針，會好上許多。」你可以把這些規則稱為「實驗」，把試行規則想成是反覆的生活設計過程。你並不是專注在某件事上面，你可以試試某個概念一週，然後換新的概念試試看。也許毫無幫助，也許你會被嚇到；不試試看怎麼知道。

你可以獨自應用效率時間的規則。不過，如果有人一起參與，你會覺得更有責任感的話，那就跟一、兩位朋友閱讀本書吧。閱讀一章，把你們的規劃寄送給彼此，一週後再回來看你們的實踐狀況。你們可以幫助彼此一直走在正軌上。

快樂發生在幾小時後

在狂亂的現代生活中，要達到靜謐狀態，可說是難上加難。比起基本的時間管理事務（例如思考一趟旅程要花多少時間打包），進入靜謐狀態絕對是更為困難。比起推出宣傳活動或抓住新的大客戶等這類明確的目標，進入靜謐狀態也更為籠統。不過，我覺得你已經很有生產力又有抱負。

所以我向你承諾的是不一樣的東西，我希望你對自己度過的時間會有更好的感覺。只要在生活中運用九大規則，就會對自己度過的時光感到更心滿意足。你會對自己度過的休閒時間感到更開心，更專注於休閒時間的存在。你甚至會更懂得描述自己是怎麼度過時間的，因為你特地把更多的時間投入在帶來喜悅的事情上。你會相當認真看待那份喜悅，十分投入在喜悅之中，就算小偷害得計畫A變得不妥，你還是會設法去野餐。參與者學了九大規則後，對於昨天度過的時光，滿意度增加了百分之十七。就算是生活中一開始就沒有很多時間可以浪費，他們也覺得自己減少了浪費的時間。

我希望你也能得到同樣的成果。

當我們思考「喜悅」與「快樂」，我們想的往往是美好人生的幾個主要部分是否到位，比如：有名望的工作、充滿愛的家庭、美麗的家。雖然這些事情非常重要，但是快樂其實來自於我們怎麼度過自己的時光。如果每天看起來都一模一樣；如果坐得太久而感到倦怠不已、睡眠不足而感到疲憊不堪；如果很少有時間去做心目中有意義的、有意思的工作；如果很少有時間去從事嗜好，很少有時間跟那些讓你笑開懷的朋友來往……那麼你就會開始覺得，有名望的工作、充滿愛的家庭，都成了苦差事。內心有這樣的感覺，我們可能會斥責自己。我們試過了感激練習，甚至在社群媒體張貼相片，加上#blessed主題標籤，但是悔恨感還是盤據在心頭不去。

我想要幫助你應對這個困境。你人生中應該有幾個部分很不錯，那些部分我不想改變，我想改變的是你平常度過星期二*的方式。希望你明白，就算是平常的一天，也會具備多變的性質，也會是有意義的一天。希望你明白，好事會發生，而就算無可避免的危機到來，你無論如何都還是能夠抱持著目標，繼續待在正軌上。

就算是在通勤途中，就算是在用Zoom開會，生活依舊充滿各種可能性。前陣子，我首度拜訪公證人，犯下了文書上的錯誤，因此不得不二度拜訪公證人，等於是順利在新的地點做了短程健行並自得其樂（因此做到了「下午三點前活動筋骨」，還體驗到「一個大探險，一個小探險」規則的下半句）。寶寶睡著之後，年紀較大的小孩睡著之前，我在玩一千片的拼圖（換句話說，先做「費力的」興趣，再做不費力的娛樂）。我很注意，要固定在合理的時間上床睡覺（「定下就寢時間」），這樣一來，一大早要照顧寶寶，就稍微沒那麼睡眼惺忪了。寶寶在玩玩具時，我可以坐著幾分鐘，啜飲咖啡，內心平靜。

這段時間可以維持四分鐘左右，然後馬戲團般的場面就回來了，小孩尖叫，狗也叫。不過，四分鐘可以是相當具有深遠意義的一段時間。

＊ 編按：原書名為Tranquility BY TUESDAY（靜謐星期二），將星期二定為執行「效率時間」計畫的日子，此處保留原文。這裡可以是任何一個週間日。

第一篇

平息混亂

培養基本習慣，掌握時間主導權

想像自己平常星期二的模樣，工作與家庭的需求一如既往，沒完沒了。然而，你起床的時候，精神卻很振奮。你充分休息，有心力去做自己需要做的事，而隨著時間的流逝，心力必然下滑，此時你也有充電的計畫。你查看一天的行程，發現行程雖滿，但還是有幾個小時的時間，可以專注在那些重要卻不緊急的事情上，讓生活多添一份喜悅。你知道哪些事情需要發生，而你有計畫，可以完成那些事情。

那樣的感覺不是很好嗎？

這正是效率時間的頭三條規則做出的保證。表面上，這三條規則是創造普遍的幸福感。我們想以十足的心力與樂觀的態度，去打造充實的生活。我們藉由充足的睡眠與體能活動，去提升能力與心情。只要大致了解自己的時間需要做什麼事、想要做什麼事，並且擬定計畫，讓這些事情有成果，就不會有措手不及之感。所以才必須定下就寢時間、週五擬定計畫、每天下午三點前活動筋骨的規則，只要有這三項基本習慣，每天的時光幾乎就立刻變得更為美好。

不過，前述規則也有更深遠的意義：我們會有策略的思考時間。只要定下就寢時間，一天的時光就變得具體。對於一天要不要做什麼事，我們會開始更主動、更用心做出選擇；週五擬定計畫時，會開始思考未來的自己，想著自己能以何種方式持續進步，邁向長期的目標；努力在下午三點前活動筋骨時，會開始以嚴謹的目光審視忙碌的日子，看看哪些地方也許能騰出空檔，並且知道自己有力量去提升能力，處理困難的事情。

換句話說，我們成了自身行程的「匠師」。首先，我們調查自己度過的一天，然後調整一週的情況，接著聚焦在小時上。更熟悉以後，技藝也就更為精湛。根基奠定好以後，就能做出美好的物品。所以一到星期二，精神就振奮起來，立刻起床。

規則一

定下就寢時間

大人賴床的方式，就是提早上床睡覺。

在記憶模糊邊緣的某處，我想像著一幅畫面。我在弟弟小時候的房間裡，他和我正在替我們的摩比人偶精心編造故事情節。白天，摩比人經營學校、旅館、踢踏舞團。然後，虛構的夜幕落下，我們把摩比人的小孩放到床上。大人呢？我們露出心照不宣的微笑，宣布大人**一整晚不睡覺**。

現在的我覺得這件事很好笑，當初竟然覺得一整晚不睡覺是大人的特權。

等我實際上變成大人以後，大部分的心力都花在說服小孩上床睡覺——這樣才輪得到我睡覺。但一直有其他不在計畫中的事情發生，像是寶寶想要人再搖著哄一陣，某個小孩的作業必須放進書包裡，某個小孩忘了跟我說某件很重要的事情，而這件事情很曲折，得要花好幾分鐘才能講到結尾。

我愛睡覺，我情願認為睡眠也同樣愛我。不過，這些年來，養育嬰兒，加上早起的幼兒和夜貓子的青少年，造就了我獨有的中年期兩難困境——睡眠與我不得不努力維繫彼此的關係。我已敏銳觀察到睡眠的古怪之處，某個奇異的夢境突然出現劇情的轉折，竟然有個小孩在哭泣，接著，幾分鐘後，夢境消失不見，而我在自己的房間醒來，現實中有個小孩沒在睡。

在嬰兒的階段，我每天都會醒來又入睡好幾次，我學會了辨識睡眠確切會在何時到來。我的思緒會漂浮到某個跟我的生活有關的地方，然後熟悉的重量往下一沉，我看見了某個實際上不可能發生的場景。我有時會做清醒夢，而沒睡好的嬰兒必須睡午覺時，我特別會做清醒夢。我明明知道，卻還是想著平常不會想的事。

睡眠不足還要應付一整天，那種睡眼惺忪、無可奈何之感，我很清楚。連續好幾晚都沒睡好，那種異常絕望的感覺，我也很清楚。然而，在這當中，我看見了難以理解的矛盾之處，這樣的矛盾不僅影響了多年忙著成家立業的一大堆人，對於行程的管理，也帶來重大的影響。

我使用「每週試算表」，記錄自己度過的時間，我度過的所有時間都是這樣記錄下來的。二〇一五年四月起，我就以半小時為單位，持續記錄自己的生活。沒有專門研究時間的人，不會有理由要持續記錄幾週，但我長期蒐集資料有個好處，我確切知道自己睡了多久、什麼時候睡覺。我的資料集包含了數千天的紀錄。這幾年的紀錄涵蓋了我最小的兩個小孩的嬰兒期，比如半夜醒來的時間、週末清晨的痛苦時間。

有些時段不太精確，但總之，我的睡眠設定值如下：以八週左右為期，一天平均睡七．三至七．四小時。正好是睡眠文獻建議大多數成人需要的睡眠時數

（一天睡七到九小時）。

根據一些嚴謹的時間日誌研究，從量化角度來看，大部分的人都睡眠不足。

在美國時間運用情況調查報告（American Time Use Survey）中，成千上萬人談論自己前一天清晨四點到今天清晨四點是怎麼過的，結果發現，二〇二〇年，一般人的睡眠時間是九・〇一小時，這是以二十四小時為期，而跟二〇一九年的八・八四小時相比，已有增長。二〇一九年，有工作且小孩未滿六歲的家長，平均睡眠時間是八・三二小時（男性是八・二六小時；女性是八・三九小時）。我提到這個統計數據時，沒人相信我，但是根據我所做的時間日誌研究，平均睡眠時間也相當接近八小時。我撰寫《這一天過得很充實》一書時，我請那些工作步調緊張又專業、家裡有小孩的女性，記錄她們怎麼度過一週的時間，結果發現她們每天平均睡七・七小時。

顯而易見的問題因此而生：「到底我們為什麼會覺得這麼累？」

這個問題十分重要，因為睡眠是所有良好習慣的根基。有很多人肯定都覺得很累，人一覺得疲憊，就更難有策略地思考未來，對於時間，也更難做出好的選擇。獲得充分的休息，在認知難度高的工作上，表現才會有所提升，比較不會分心。只要睡眠充足，就比較容易有生產力。

人們記錄了自己度過的時間，看起來睡眠是夠的，但在很多的民調裡頭，卻還是說自己「平常」晚上都睡很少，或者談到睡眠時，就像社會學家亞莉・霍希爾德（Arlie Hochschild）的描寫：「好像肚子餓的人講到食物那樣。」這些年來，我研究了成千上萬本的時間日誌，就是想處理這種現象的矛盾之處。

最後得到結論，罪魁禍首是**睡眠紊亂**。適量的平均值蒙蔽了以下的現實情況：在某些方面，人通常睡眠不足，然後睡眠過量，導致某些日子很疲憊，某些日子無法維持良好的習慣。只要有寶寶要照顧，或從事輪班工作，那麼這個現實算是夠顯而易見，但普遍的程度還是出人意料。例如，根據我的其中一項時間日誌研究，有百分之二十二的人，星期二最起碼比星期三多睡了九十分鐘左右。這是很大的差距。

當我向某個人詢問平常晚上的睡眠情況，對方回報說，半夜睡到早上六點。根據某份時間日誌，這樣的情況在過去一週確實發生了兩次。但是另外兩天晚上，這個人晚上十點就倒在電視前的沙發上睡著了，或者在哄小孩睡覺時，睡了一小時，或者星期四的時候，按了貪睡按鈕三次，而週末的情況則截然不同。心理圖像是六小時，平均值也許是七・五小時。

每天在某種程度上睡眠不足或過量，正常運作的能力就會承受莫大的損害，

規則一：定下就寢時間

如果大家一直睡眠不足或過量，那就怪不得了。二〇二〇年，美國人每週平均有三天昏昏欲睡，這數據是取自美國國家睡眠基金會（National Sleep Foundation）所做的年度美國睡眠普查報告。睡眠過量的日子也沒有覺得特別好，人們睡過了鬧鐘響的時間，或者身體強迫自己用睡眠來替代其他的活動。如果每天都達到理想值的話，情況會好上許多。

我們不一定能掌控自己何時睡覺，但既然睡眠是活力的關鍵，要是有可能避開那種先節約、再趕上的大怒神搭乘體驗，那麼生活就會更有平靜感。

基於工作上的或家庭上的責任，成年人多半必須在固定時間起床，唯一可以改變的變數就是前一天晚上就寢的時間。

換句話說，儘管以前我玩摩比人偶的時候，幻想過著成年人的生活，但就算是成年人，也需要有就寢時間。成年人需要在固定的時間，準時上床睡覺。**效率時間的規則一就是定下就寢時間**。

如果想體驗到充分休息後的額外心力與樂觀狀態，就要選擇晚上經常想睡的時間。然後，除非有令人信服的理由，否則請努力在固定時間前上床睡覺。

入睡方法

確立就寢時間並予以實踐，這個簡單的過程有四大步驟。

1.確定大多數的上班日打算何時起床。

請誠實以對。清晨四點起床，跑十英里的路，靜觀三十分鐘，再打一杯羽衣甘藍汁給自己，這樣的幻想也許有意思，但過去一週要是都沒做過這些事，現在也不會開始做。就你的生活而言，什麼時間起床實際上最合理？如果通常是年幼的孩子叫醒你，請花幾週的時間，記錄你的時間，確立鐘形曲線，呈現孩子何時起床。設立的目標起床時間，可以是大部分實際起床時間之前。

2.確定自己需要多少睡眠。

在此也要誠實以對。工作年齡的成年人多半每天需要睡七到九小時。絕大部分的人平常睡七到八小時，很少人每天所需的睡眠時間不到六個半小時，只有極少數的人擁有短眠基因，在週末和假期也都睡得很少。不確定的話，就以七小時半為目標，然後觀察情況。如果週末還是會狂睡，就表示需要更多睡眠。如果一直都是在鬧鐘響以前就起床，就表示需要的睡眠時間可能比較少。

3. 計算自己需要多長的睡眠時間，就可得知睡眠量。

這是數學問題。如果大多數的上班日早上，早上六點就要起床，而你需要睡七小時半，那就倒推七小時半，就寢時間是晚上十點半。如果早上八點要起床，那晚上十二點半就要上床睡覺。定下就寢時間，不代表一定要在兒時所訂的就寢時間上床睡覺。如果是夜貓子，不用在早上十點前起床，可以隨意選擇較晚的就寢時間。

重點在於一致。如果你的生活是週末有餘裕，那就可以調整一小時左右的時間，但如果調整的時間超過一小時，星期一早上就會更痛苦，這樣沒有必要。如果你有年幼的孩子不了解週末的概念，那麼晚上最好堅守固定的就寢時間，晚上做事情的時候，要謹記就寢時間。

4. 鬧鐘請設定在正式就寢時間的十五分鐘前至三十分鐘前響鈴，這樣有助於上床入睡。

最後的步驟是關鍵所在。在實際的就寢時間前，要是不開始助眠放鬆，就會比預期的時間還要晚上床睡覺。所以至少要在十五分鐘前，開始準備入睡。如果想花一點時間閱讀，或跟伴侶共度時光，就寢時間的鬧鐘請設得早一點。時間到了就關燈。試做一週，觀察情況。

成年人多半沒辦法真的「賴床」，至少上班日無法賴床，那麼要重現這種放假又不用顧小孩的奢侈享受，最好的方法就是準時上床睡覺。

參與者觀點：找出障礙

我介紹了「定下就寢時間」規則後，就請效率時間計畫的參與者實踐四步驟的過程，確立自己的就寢時間。

參與者把想要起床的時間設在令人瞠目結舌的清晨三點半至早上八點半之間。參與者回報說，需要睡六小時至九小時，平均值是七．七一個小時。參與者平均需要三十分鐘才能助眠放鬆。如果想要起床的時間是早上六點，需要睡七．七五個小時的話，那就表示就寢時間是晚上十點十五分，就寢時間的鬧鐘要在晚上九點四十五分左右響鈴，這樣就有三十分鐘的助眠放鬆時間。

如果想要起床的時間是早上七點，需要睡七小時，睡前需要閱讀及放鬆一小時，那就表示就寢時間是午夜，就寢時間的鬧鐘要在晚上十一點左右響鈴。

就算參與者過去很難保持穩定的睡眠，還是相當開明，願意試著落實這條規則。只有少數的參與者表示，這條規則不適合他們。雖說如此，樂意一試的人還是看得出來，要實踐這個看似簡單的練習，有無數的難關要克服。

有些人跟我一樣，有嬰幼兒要照顧。晚上十點半，嬰兒床那裡傳來微弱的聲音，呼喊著「把拔！」或「馬麻！」，肯定會擾亂晚上十點半的就寢時間。

還有一些人說，工作是一大難關。有時是副業，比如小孩睡覺後要翻譯文件，或者要回答顧客提出的問題，處理到深夜。不過，最常出現的情況還是晚上十點看一下電子郵件，來回對話，結果一個小時就不見了。

有些家長的小孩年紀較大，他們說，很難讓小孩準時上床睡覺，家長的就寢時間就因此延後。

有些人匆忙處理家事，為隔天做好準備，比如說，把隔天的午餐和袋子給裝好、掛好隔天要穿的衣服、清理廚房等。這種做法很常見，但也會陷入兩難處境，畢竟為了隔天早上順利進行就熬夜，那麼隔天早上的情況就一定很糟糕。

有些人說，很難有心力去著手進行這個就寢時間的過程。有人寫道：「累到無法準備（聽起來很笨）。」雖然聽起來很笨，但確實有難處。根據某項研究顯示，隨著一天時間的流逝，人變得越來越不守紀律。大部分的人在心力枯竭的時候，就連關電視、上樓刷牙，都需要有力氣才行。把這個決定往後延，然後睡在沙發上，這樣會比較輕鬆。

有些人的伴侶作息不一樣，這就表示個人實際的就寢時間會影響到家人的作息。這做起來一點也不容易。

不過，最痛苦的問題其實跟工作、家事、家人都毫無關係。有參與者表示，上床睡覺就代表自己決定一天已經結束。屋子安靜下來，家事做完，終於可以隨意度過一段時間，然後就做出了上床睡覺的決定。正如某位參與者所言：「那是我擁有的唯一一段真正自由的時間。」誰會想縮短這段時間？

這樣的體悟連番冒了出來。有位參與者會刻意晚睡，因為她「覺得自己的休閒時間不夠多」。另一位參與者表示：「爸爸分心了，去玩電玩或其他東西。」

也有人將伴侶時間和螢幕使用時間合併在一起，「下班後，另一半和我通常會一邊吃晚餐，一邊在沙發上看一集的電視節目，然後就差不多一直待在沙發上。」不算是精美的燭光晚餐，但就平常日而言，感覺已經夠開心了。

忙著成家立業已有多年，深夜時光堪稱一流的「獨處時光」。確實，短短幾小時的這段時間，往往就是大家享有的最長的一段休閒時間。我們不願去睡覺，不想結束這段開心又自主的時光。如果白天不太能見到另一半，希望有一些時間跟另一半相處，那就更不情願早睡了。有時，內心的叛逆者會冒了出來，那個叛逆者討厭童年時期就寢時間的規矩，而叛逆者的摩比人偶之後會一直玩到凌晨。內心的聲音說，**你不能強迫我，我不想上床睡覺**。

既然沒人能把一天的時間拉長到超過二十四小時的限制，那麼睡眠就有如零和賽局。有位參與者如此描述這份體悟：「因為花更多時間睡覺，就表示花更少時間做其他事情，所以我不得不接受，有些事情就是做不完。不然就是花時間做事，但要接受一點，我會睡得比較少。」

如果覺得其他事情實在抗拒不了，那麼我們也許會像傑瑞．史菲德（Jerry Seinfeld）開的玩笑那樣，認為睡眠不足是「內心那個早起的傢伙的問題」。

如何大幅減少悔恨

小孩一上床睡覺，我就決心要讓時光過得慢一點。我超想把這個空檔時間給延長。但也明白，要是熬夜，耽擱了早起，那麼早晨時光就沒那麼靜謐了。就算是當初沒有嬰幼兒要照顧的時候，準時上床睡覺意謂著我可以充分休息後起床，能夠跑步（我可不會在晚上十點跑步），在腦袋能清晰思考時寫作（晚上同樣很難做到這件事）。雖然深夜的「獨處時光」感覺不錯，但只要處理得當，早晨的「獨處時光」會帶來更多的選擇。有位參與者承認，他渴望著小孩睡覺後，自己能享有獨處的時光，還體悟到一件事：「只要我早點上床睡覺，就可以（在小孩起床前）早點起床，享有寧靜的獨處時光，而我早上通常會做品質較高的事情，比如一邊喝咖啡，一邊閱讀專業的成長書籍，不會到了晚上就要重看三集的《六人行》！」

選擇增加了以後，就表示定下就寢時間沒有剛開始那樣像是零和賽局。我也認為，如果你少睡一小時，接著卻因疲累分心，常犯錯，結果處理某件工作花了兩小時，而不是一小時，那就表示你沒有從中獲益。如果你就跟沒有慢性失眠的許多人那樣，有很強的睡眠定點，亦即你的身體會強迫你在幾週期間的睡眠都達到平均睡眠量，那麼**一個晚上少睡一點，不會讓你擁有更多的時間。那只是表示你會狂睡，之後在別的地方彌補回來**。這可能不是你想要的效果。長期而言，如果你沒有因為睡過頭而錯過星期六早上的團體自行車活動，那麼深夜少追幾小時的Netflix，應該會更開心吧。

請參考以下方法，大幅減少就寢時間的悔恨：

1.在行程中的其他時間點騰出空檔，從事休閒活動。

效率時間的其他規則有很多就是為了做到這點而制定的。當你知道星期二晚上要跟壘球隊的隊員一起打球，當你打算星期五中午要跟職場上的朋友一起試試新找到的餐廳，當你白天經常可以多出四十五分鐘的時間閱讀，那麼深夜輕鬆做些瑣事就沒那麼重要了。

2.記住，掌控的人還是你。

就寢時間並不具有法律約束力，它只是促使你做出有自覺的決定。我的就寢時間是晚上十一點，也許應該定在晚上十點半，但晚上十一點比較合理，因為我還有十幾歲的孩子，要沒收他們的手機。既然晚上十一點是我的就寢時間，那我就會把晚上十點半看成是我的關鍵時刻。我會評估自己在做的事情，看晚上十一點前能不能上床睡覺。但我不用啊，我是成年人了！其實，只要我想要，就可以一整晚不睡覺！如果我讀的書很不錯，或者跟老公聊得很愉快，我就可以晚一點上床睡覺。

哪個晚上不想遵守就寢時間就不要遵守，那是你可以做的決定。也許你會特地在某個晚上工作到很晚，這樣就會有額外時間，該週的其他時間會享有不錯的生活。也許你一週有兩個早上早點起床運動，其他的早上會盡量睡到最後一分鐘才起床。你想怎麼調整就怎麼調整。

然而，不管怎樣，只要一到晚上十點半，我又沒有充分的熬夜理由，那不如慢慢走去床邊，準備入睡，這樣一來，內心那個早起的傢伙對我就會感到滿意許多。

參與者觀點：以創意方法克服難關

效率時間的參與者提出的一些聰明的想法，可以用來因應就寢時間的難關。

有些人覺得遵守嚴格的規則很煩，就修改了這項策略，定下就寢時間的**時段**。不定下準確的就寢時間，而譬如是晚上十點半至十一點十五分之間熄燈就行了。對於早上也有起床時段的人來說，這種做法格外有用。他們也許會打算早上六點起床健身，但如果是十一點十五分熄燈，不是晚上十點半熄燈，那就會把鬧鐘改為早上六點四十五分，然後縮短健身時間，或選擇別的時間運動。真正的叛逆者也許會定下虛假的就寢時間（比如晚上十點），明知自己到了真正的就寢時間（比如晚上十一點）才會上床睡覺，但每晚還是享受著拖延時間的感覺。在生活中，認識自己是很好的。

有人覺得自己很難有心力去準備上床睡覺，就決定把這些準備作業移到比較早、比較不緊張的時間點，比如：晚餐後就洗臉；小孩穿睡衣時，自己也穿上睡衣。如果剩下要做的事情就只有爬進棉被裡，那就比較容易遵守就寢時間。

當然了，這條規則不是人人都適合。覺得進度老是落後的人，很難停下工作，疫情期間的家庭很常出現這樣的苦惱，好幾個月都要適應混合式的線上課表，而我就在這段期間進行研究。有位參與者提出一個看似聰明的想法，她每晚九點會檢視工作上有哪些問題，這樣就有時間在就寢時間前解決問題。可惜她說：「這樣會被看成我那個時間可以工作，而不是當成主動採取手段來超前解決問題。」所以最後她反而有更多臨時的深夜工作。

結果

儘管有種種難關，但只要能遵守就寢時間，就能睡得比較好。在我的時間滿意度量表，四分之一以上的人表示，拿計畫的開端跟結尾相比，他們變得睡眠充足。至於人們有沒有充分的心力去處理自己的責任，這題的分數上升了百分之十三（但分數上升也有拜其他規則所賜）。

大致上，人們打算堅守這條規則。我後來採訪那些參與者，他們往往說，有另一條規則讓他們的生活激起水花，但還是這條規則帶來的改變最大。有位參與者表示，在所有的規則當中，「定下就寢時間，也許最不吸引人，卻是最有用的」。

在有關這條規則的反思問題上，人們注意到了，不用為了開會保持清醒就狂灌四杯咖啡（然後隔天早上睡過頭），而這個明顯的好處背後帶來很多額外利益。「我原本以為（就寢時間）會有更充分休息的感覺，確實是這樣，但真正的額外好處是，它讓我更用心選擇晚上的時間該怎麼度過。」有人說：「我知道自己必須在晚上十一點半上床睡覺，所以我很清楚，小孩睡著後的四小時期間要做什麼。」

四小時的時間**很多**。就算是短短兩小時——如果孩子還年幼的話，家長往往只有兩小時的空檔——也會覺得很奢侈。

不過，要體驗到這份奢侈感，就一定要知道自己有多少空檔時間，以及空檔時間是什麼時候。只要確立就寢時間，這一大段的重要行程就會變得具體起來。一整天的情況也確實隨之具體起來，而這正是這條規則背後的更宏大的概念。

多數人都明白，一天都有個開始。至於**每天都有個結束**的概念，就有些含糊不清了。沒錯，這世上的新時代家長和輪班勞工不會一路睡到隔天早上，但大致來說，每天都有一大段清醒的時間。

確立了清醒的時間量，就會開始把每天想成是一段定量的空白時間，這段時間會被事情給填滿。在我看來，為了填滿每天的時間而去做的事情，絕大部分都是由自己決定，並且是根據目前所做的選擇，還有過去所做的選擇。一天有可能要做很多事情。在我每天都會經歷的十六．六個小時的清醒時光內，要想出一片片的拼圖該怎麼移動最為合適，我很喜歡這種拼圖的感覺——算是俄羅斯方塊的一種吧——在確立一天的行程時，就會發現，遊戲版雖大，卻也不是無限的。

把這兩個互有扞格的念頭記在心裡，就能對自己的時間做出更聰明的決定。

有人寫道，選擇就寢時間以後，「我晚上的時間變得更有意義」，「原本是先活動（打掃、閱讀、放鬆等），『做完』後再上床睡覺，後來改成就寢時間前，固定騰出一段時間，並且必須想出自己在那段時間想做什麼。」

參與者表示，只要知道晚上的安排，就更能享受晚上的時光。有位參與者決定提早開始做睡前儀式，如此表示：「以前只把自己給扔上床，後來有充分時間保養皮膚、用牙線清潔牙齒，覺得開心又舒服。撥出一段時間在床上閱讀，感覺真好，不會把這件事看成是有罪惡感的樂趣。」

這份愉快感甚至會擴及伴侶時間。大家原本還擔心就寢時間會導致伴侶時間縮減，有人算了一下，發現就寢時間之前不會有充分的時間，所以就不熬夜處理某件案子到很晚，反而是「提早上床，多花一點時間跟配偶相處，放鬆下來，好好助眠。」

不是所有伴侶都能定下共同的就寢時間，但只要能定下時間，就更有機會共度浪漫時光，不會兩個人都賴在沙發上，浪費好幾個小時，最後累到什麼事都做不了。

練習守紀律

準時上床睡覺非常簡單，卻有改變生活的效果。一來是看待一天行程時，心態上會有所轉變；二來是會有更明顯的理由，只要充分休息，就算碰到辛苦的日子，也能完成事情。我們擁有可以選擇喜悅的意志力，不要選擇光是苦苦掙扎，撐過時間的時光。

有能耐選擇充分休息，就該充分休息，重點是把「內心那個早起的傢伙」——我喜歡說成是「將來的你」——納入考量。在面對決定時，請想像自己站在那個決定的另一端。然後，做出決定，好好對待將來的你。就算當下要付出一點心力，你還是做出了這個決定。這正是紀律的精神。我們跨越了自身目前的衝動，考量到更廣泛的後果，進行思考。準時上床睡覺，等於每天都有機會練習這個紀律。效率時間的其他規則是讓人有機會用新的方法來加強及伸展這條肌肉，而我期望這樣會帶來好的結果，但奠定根基的，還是這第一條規則。

回報呢？就這條規則來說，回報立即可見。參與者表示：

- 「有天晚上，我準時上床睡覺，實際上也睡了一整晚，起來得夠早，可以運動沖澡，然後再開始一天，那是一個星期裡狀態最好的一天。」

●「只要睡眠充足，上班時、下班後就能展現出最好的一面。我有充分的心力，可以著手處理這星期打算做的所有事情，所以我很開心。」

建立（簡短的）晨間習慣

定下就寢時間有一些好處，其中一項好處就是更能掌控早上的時間，早上是完成事情的絕佳時間。有事業的、剛成家的或要兼顧事業家庭的大忙人，上班日往往包含兩大段的自主時間，一是小孩上床睡覺後的晚間時光，二是一大早的時候，只要起得夠早的話。雖然這兩段時光各有樂趣，但是因為很多人都覺得晚上很難做運動或從事費心的創意工作，所以如果有意從事這類活動，早上做應該會比較好。

在一天當中，早上往往也是最規律的時段。很多人就算還沒學會定下就寢時間的智慧，每天都會在差不多同樣的時間起床並做準備。也就是說，只要把某種好習慣排進固定的常規，就有很高的機率會養成好習慣。

此外，早餐前就贏得一大勝利，會讓人感到非常心滿意足。無論當天其餘時間發生什麼情況，你都知道自己已經完成了一件大事。

所以我很喜歡晨間習慣。不過，別擔心，我並不是叫別人固定花兩小時的時間，跟私人教練學健身並喝下綠色蔬果汁。沒錯，多年經營《我的晨間習慣》（*My Morning Routine*）熱門電子報的班傑明．史鮑（Benjamin Spall）表示：「晨間習慣要簡短又容易完成，尤其是一開始的時候，這樣堅持做下去的機率就會大幅增加。」雖然一段時間後可以增加晨間習慣的時間長度，但是根據史鮑的看法，通常只要十五分鐘到三十分鐘就可以了。

那就從十五分鐘開始吧。

你早上會想做什麼？每天早上都會想做的事。也許一個星期有幾個早上，你都已經在練習了，這樣很好。在哪幾個早上，還有其餘的幾個早上，還可以多做哪些小行動，以便在一段時間後獲得莫大的回報？我認為重點應該放在樂趣上。有什麼事情會讓你振奮得立刻起床？或者至少會振奮得坐在桌前？

請想一下，有哪些簡短的早上活動是自己發自內心喜歡的，還會對自己的事業、關係或自我帶來正面影響。請列舉兩、三個活動。舉例來說，你可以從事以下活動：

- 對創意寫作的提示給予回應。
- 閱讀幾頁經文。

- 天氣好就在戶外喝杯咖啡（天氣不好就在窗邊喝）。
- 拍下某個美好的畫面。
- 做二十個伏地挺身、二十個仰臥起坐。
- 跟著肌力訓練影片做十分鐘。
- 做五分鐘的靜觀。
- 說一段禱告詞。
- 替某個人祈禱（每天換一個人）。
- 寄送電子郵件給剛認識的人或認識多年的人。
- 替自己的回憶錄寫兩百五十字。
- 使用外語學習軟體，練習十分鐘。
- 閱讀實體報紙的一篇報導（或日報的一篇文摘）。
- 閱讀專業期刊裡的一篇文章。
- 聆聽簡短的Podcast節目，或十分鐘的有聲書。
- 聆聽一首新的音樂。
- 拍攝短片，放在社群媒體上。
- 做伸展運動或一些瑜伽動作。

- 做幾次深呼吸，專注自己的呼吸。
- 跟年幼的孩子一起閱讀一篇故事。
- 跟孩子一起閱讀某本書裡的一個章節。
- 照顧幾株植物。
- 跟配偶喝杯茶。
- 聯繫某位朋友、親人或責任夥伴。
- 走路去附近的咖啡館，再走回家。
- 查看行事曆，思考當天的優先事項。
- 寫下當天的一項目標。
- 在便條紙寫下稱讚的話給某位員工或同事。
- 享用豐富的早餐。

你肯定能把一大堆的想法放進這份清單裡。就我的情況來說，我打算做三件事。一在「自由寫作檔案」，至少要寫一百字；二，做一些肌力訓練；三，閱讀某本大部頭書籍的一小部分。拿二〇二一年來說，我每天會讀《戰爭與和平》的一章內容。托爾斯泰寫的這本知名巨作，每章內容只有四、五頁的篇幅，而他總共寫了三百六十一章。二〇二二年，我每天會讀幾頁莎士比亞，目標是一年內讀完他所有的作品。

十五分鐘的時間，或許就能處理幾件簡短的事情。願意的話，可以選擇每天做三件事，在五件事或六件事之間輪流做。實驗看看吧。落實晨間習慣，沒什麼正確的方法。**晨間習慣的存在，於你有益**。

此外，在非常忙碌的那幾年，尤其是照顧年幼孩子的時期，不要把晨間習慣當成是某個時間一定要做的事，而是要當成是早上的「檢查清單」，這樣或許會有幫助。

某個晨間習慣在每天早上六點到早上六點二十分一定要做，但要是寶寶在某天清晨五點五十五分清醒，要是公司有晨會要開，早上六點半就要離開家門，那麼這個例行事項有可能會脫軌。也所以在時間上保持彈性，成功機率就會增加。

通常，保姆在早上八點開始工作後，我就會馬上做例行事務。不過，如果需要我負責最後一輪的小孩接送，我會稍後再處理。週末的時候，應該是下午比較晚的時候才發生（有時「早上」可以只是一種心境）。如果寶寶醒來前，我先起床了，那我也許會在床上用手機讀一章，然後把自由寫作的成果用電子郵件寄給自己。壺鈴運動則是在另一個時間點做。

沒錯，生活有可能會造成某個晨間習慣有所變動。班傑明．史鮑的晨間習慣是先做短時間的靜觀，再做伏地挺身和仰臥起坐，然後處理某個寫作計畫。接著，在我訪問他的前一週左右，他領養了六個月大的小狗，一夜過後，原本的晨間習慣就變成照顧小狗，比如散步遛狗一小時，把小狗的精力給消耗掉。

情況就是如此，人們搬家，人們開始從事別的工作，人們試著在家工作，人們有了新生兒。寶寶長大，開始上學，校車一大早就來。大致上，我讀到某個人的晨間習慣時，會覺得那是某個時間點的快照，不是不可撼動的理想。不過，就算晨間習慣的內容也許會有變化，但是晨間習慣的概念還是很有幫助。跨出一小步又一小步，一段時間過後，就走出了自己的路。日復一日，我更堅強了一些。他人描寫的人類處境，在數百年後依舊十分真實，而那些文字被我吸收了。我寫下了一些文字，嘗試了一些事情，而這只是為了我自己才做的，只不過就是在思考何種做法有用，也沒有公開的壓力。

除此之外呢？嗯，總有咖啡，盛裝在我最愛的馬克杯裡，還有光線，穿越我辦公室的窗戶。在靜謐的清晨，我會覺得今日如同每個早晨，又是一個可以把事做好的機會。如果前一天晚上，就寢時間到了，我就上床睡覺呢？那麼早上就會變得更加美好，這實在值得一試。

輪到你了

定下就寢時間

● 規劃問題：

1. 你早上想在幾點起床？
2. 你平常晚上要睡幾個小時？
3. 要達到這個睡眠量的話，通常幾點就要上床睡覺？而這就是你的就寢時間。
4. 就寢時間前，你需要多少時間（以分鐘計）放鬆下來、準備上床睡覺？
5. 從就寢時間回推，設定鬧鐘，或者為這個時間設定其他的重複提示，這個時間是什麼時候？
6. 有什麼事情可能會導致你在就寢時間不上床睡覺？
7. 你打算怎麼應對這些難關？

● 實踐問題（試著持續一週落實規則一）：

1. 遵守就寢時間對你這週的情況造成了什麼影響？
2. 實踐本週策略時，你面對了哪些難關？
3. 你怎麼應對這些難關？
4. 如果遵守不了就寢時間，是什麼原因造成的？
5. 如果要更改規則，該怎麼做？
6. 你在生活中繼續應用這條規則的機率有多大？

規則二

週五擬定計畫

期望是無限的，時間是有限的，
我們一直在抉擇，請好好抉擇。

聖詩之父以撒・華茲（Isaac Watts）最出名的作品，當屬〈普世歡騰〉（Joy to the World）等聖歌的歌詞。這首歌也描繪出我對時間的癡迷。長久以來，華茲對詩篇第九十篇的頌讚，有一個較為晦澀的詩句，總是叫我著迷不已。會眾通常會先喃喃唱著〈千古保障〉（O God, Our Help in Ages Past）的前幾段歌詞，到了「時間正似大江流水，浪淘萬象眾生」的歌詞，就開始大聲歌唱。

如果你划過獨木舟，或者玩過泛舟，就會曉得這個比喻非常貼切。流水會讓你隨之漂動，無論你有沒有思考水勢，你都會不斷跟著水勢漂動。

日復一日，年復一年，都「溜」進了過去——不管你做了什麼，時間依舊會溜走。這現象我每週一的早上都會看到。週一我會填妥上週的時間日誌，歸檔，然後開啟新的試算表。新的試算表是空白的，即將到來的一百六十八個小時是空白的，但我內心明白，一百六十八個小時後，那段時間就會被事情給填滿。到時我會把時間日誌歸檔，像現在處理上週的時間日誌那樣，像處理過的數百週的時間日誌那樣，而那些時間如今彷彿橋下江水，流過就不復返，江水不斷流動。

沿用這個比喻的話，在人生中的一些階段，江水流得更快速、更洶湧。沿著不斷流動的江水漂浮而下，頂多就只能稍微修正方向，要再多做些什麼，可說是難上加難。這種緊張不安的感覺，或許你也很清楚。當一有岩石或漩渦冒了出來，你就有所反應。岩石或漩渦似乎到處會冒出來，例如：課後保姆辭職了，水槽突然漏水了，牙痛到要去看牙科急診，此時某個醞釀已久的工作危機沸騰到溢了出來等等。換成是更廣闊的角度，過程也許會變得更靜謐些。

先花時間處理小問題，就能避免小問題日後變成大災難。不過，由於江水不斷流動，因此人難以去思考。

為了平息混亂，必須先思考自己想怎麼度過時間。在匆忙度過任何一段時間以前，必須先思考時間該怎麼度過。在平靜的淺水處，需要時間讓自己暫停一下，思考自己需要做什麼，想要做什麼。這點更為重要了，畢竟時間變得更有限了。

我跟成家立業的人——例如效率時間的參與者泰瑞莎・柯達（Teresa Coda）聊天的時候，經常聽見時間有限的說法。疫情期間，泰瑞莎和丈夫搬回她那位於賓州中部的家鄉。泰瑞莎有兩個未滿三歲的女兒。泰瑞莎的母親一週會幫忙顧幾次小孩，泰瑞莎稱之為「黃金一小時」。泰瑞莎和丈夫都不想把人際關係泡泡擴大到近親的範圍外，所以兩人都不以上班日為重心，還會利用午睡時間趕快處理待辦事項。

泰瑞莎表示，這種做法要一年都有效的話，關鍵就在於「真正清楚自己需要做完什麼事」，這樣就能「充分利用零碎的時間」。

「這裡只有一小時的空檔、那裡只有一小時的空檔，度過零碎時光的時候，就一定要把目標謹記在心，不然一小時就會白白浪費掉。」

她在選定的每週規劃時間（亦即星期五下午，至於選擇這天的理由，本章會加以探討），開始有系統地全面思考。她縮減了清單，只留了幾件在事業上、個人上最重要的工作。她把這些工作安排在特定的日子，然後把當天工作安排在她丈夫或她母親可以照顧小孩的時段，額外的工作則是安排在大家可能睡著的時段。

這些事情做起來並不容易。不過，她養成習慣以後，就發現自己在有限的時間內，會變得相當有生產力。她說：「如果我內心有明確的目標，想花一小時處理，我就可以充分利用那一個小時的時間。」

這就是**效率時間的規則二：週五擬定計畫**的目標。

這條規則跟定下就寢時間一樣，都是簡單易懂又實用。每週五騰出二十分鐘，思考下週一到下週日要做的事，就像泰瑞莎開始做的那樣，也像我多年做的

規則二：週五擬定計畫

那樣。在一百六十八個小時的期間，你最想做什麼？排進行事曆的事情當中，哪些事情是最重要的？

既然你是一個人，只有一個人生，那就要對這一個人生做全盤的考量，這是最有效率的做法。所以在此建議你為接下來的一週，擬定優先清單，優先事項分成以下三種：

- 事業
- 關係
- 自我

把這份清單寫在你可以隨時查閱的地方，比如寫在手帳裡。每一種優先事項，分別列出幾件事，不用列得太多。在事業上，你最想做什麼？為了培養你跟朋友、家人或社區成員的關係，你會想做什麼？為了增進你的健康、靈性發展或快樂，你會想做什麼？

你的生活肯定有一大堆事情在發生，但這個練習的第一個部分，應該著眼於想要度過美好一週的渴望。

所謂的「事業優先事項」，也許是跟前客戶約好一起共進午餐，也許是擬定大案子的時間表。所謂的「關係優先事項」，也許是打電話給某個過得很辛苦的朋友，也許是帶著只上半天課的十幾歲孩子出門吃午餐。所謂的「個人優先事項」，也許是在你剛發現的小徑上跑步，也許是在某個管弦樂團的網頁上欣賞音樂會，沉浸在你最愛的貝多芬交響曲裡。如果這些事情還沒列在行事曆裡，就要把這些事情排進行事曆。

在這個規劃時段，就算這類的期望稱不上是第一優先順位（或許也沒那麼有趣），但也應該要評估下週需要做的事情。

請查看行事曆裡已經排好的事情，掌握下週所有要做的事情，還要快速瀏覽後續幾週的情況，確定自己沒把大事給拋在腦後。為了做好準備，你需要做什麼呢？有沒有運籌事宜是你需要弄清楚的？請判定自己何時要做這些準備作業，然後記在行事曆或手帳裡。如果想減少某些事情花費的時間，可以想一些方法去忽略、大幅減少或外包那些事情。如果有個會議都已經四次異動時間，這星期也不可能開會，就乾脆取消會議，直接終結這痛苦吧。如果下個月要舉辦大活動，確認電話也許可以交由助理處理。

思考了下週的上班日以後，建議針對下個週末（不是星期五規劃即將到來的週六和週日，而是下週六和下週日）擬定大略的計畫。然後，花一、兩分鐘的時間，查看收到的新資訊或邀約，為即將到來的週末修改計畫。如果你的生活跟別人密不可分，請趕快打個電話（在同一個地方就親自去找對方），確認有沒有什麼東西需要提供或得到許可。

就這樣了。你要想清楚，自己要往何處去，辛苦的片段該怎麼處理。如果做某些事情不算是最有效利用時間，那就把這類事情給清除掉。只要思考自己想怎麼度過時光，有意義地度過時光的機率就會大幅增加。

力量強大又容易做的習慣

在星期五進行規劃很簡單。有些人喜歡華麗的手帳、高級鋼筆、紙膠帶。有些人喜歡把這個時段當成是一件樂事，享用這時間適合飲用的最愛飲料，或者聆聽高亢的電影原聲帶。前述事情全都很好，但沒一件是必須要做的事。我使用筆記本或手帳，並且對照行事曆。記在電子行事曆也可以。

工具不重要，重要的是你會去做。

只要你去做了，就會像泰瑞莎領悟到的那樣，星期五的規劃確實具有強大的力量。星期五的規劃絕對是我找到的方法當中最厲害的，不僅能平息混亂，做完更多事情，還有機會樂在生活中。沒錯，如果你發現某個人的人生籌畫激起的驚奇感，有如我以前欣賞馬戲團表演，看到八輛重型機車在巨大的金屬球體內到處高速行駛那樣，那麼我敢打賭，那個人的規劃手法——就算有專業助理的協助——肯定很厲害。

「週五擬定計畫」的規則有兩項要點：第一點，每週規劃時段的價值；第二點，星期五規劃的價值。雖然第一點顯然最為重要（下文會解釋），但在我看來，選擇星期五，這個習慣才能真正改變生活。

幾週生活規劃案例

每週規劃時間可以任選。如果已經有個規劃時間很管用，那就不用改時間！不過，如果生活有任何錯綜複雜的事情存在，那就要選定每週規劃時間。正如數學家所言，一個星期是「重複的單位」，在行程模式是這樣，最起碼在你閱讀本書時所屬的社會也是這樣。一個星期的時間，長得足以涵蓋眼前危機發生後的行動，卻也短得足以掌握大局，並能抱持適度的確信感，遵守時間並付諸行動。

如果你是以更特殊的方式進行規劃，或幾乎不規劃，那麼你首次安排的時段——用於思考一整週的行程，思考事業和個人的優先事項——肯定會帶來一些立即的益處。

對新手來說，或許能節省時間。如果星期二和星期四都是同樣的人跟你一起開會，為了提高議程的效率，或可合併為一場會議來處理事情。這樣就能騰出一小時的空檔，如果只是做了這件事，然後又做那件事，就騰不出時間了。

還有一點更為重要，你會全面審視一週的情況，而站在更廣闊的角度，就能做出更聰明的選擇。如果星期二的行程已滿，而星期三有件大事要完成，那星期一可以騰出時間處理那件大事。這樣一來，就能以更靜謐的做法應對最後期限，不會有平日趕最後一分鐘的壓力。

如果星期四想參加小孩的課後棒球賽，而你知道那個一直拖延開會時間的團隊打算在星期三或星期四下午開會，那麼你心裡就明白，必須努力讓團隊會議安排在星期三。生活的到來也許不會如你所願。然而，要是不能立刻掌握一整週的情況，就不會知道自己的答案有多舉足輕重。

這條規則只要花二十分鐘處理，因此可說是好處多多。不過，真正的益處要一段時間過後才會顯現出來，等到規劃時段成為習慣，就有可能塑造出長期的生活樣貌。舉例來說，在任何一週：

- 可以採取一些中間步驟，邁向更大的目標，這樣會覺得更大的目標更為可行。
- 可以開始預測更大的問題（或機會），及時鍛鍊自我，在問題變成緊急情況前，先處理問題。
- 你可以事先思考哪些事情可能很重要，把重要的事情排進行程裡，這樣一來，等到那一週到來時，一週的優先事項已經排好了，規劃的過程會變得更快速。
- 你可以思考將來可能渴望做到哪些事情，還要知道，有方法可以傳送訊息給將來的你，等到將來的你能採取行動時就會收到訊息。

雖然頭三項益處已經夠值得了，但是在我看來，最後一項益處——能跟將來的你溝通，才是真正的超能力，畢竟在這世上，很少人會把內心的意圖貫徹到底。

假如你看到一個專業獎項，而你有個同事是合適的人選，所以你想要提名他。不過，你之所以知道這個獎項，很可能是因為這個獎項已經頒發了，明年的獎項要等幾個月後才能報名。所以你可能會立刻把這個想法給拋之腦後。

不過，只要選定了每週規劃時間，就能把將來的某個時間點備註在行事曆上，比如頒獎前三個月的星期五下午。你很清楚，將來的你處於規劃模式，就會看到這個備註。到了那個時間點，將來的你——像往常那樣投入每週規劃時段的時候——就會記起這個獎項，記起同事何以應該贏得獎項。將來的你會查詢最後期限和報名過程，然後制定計畫，要麼下星期把這件事當成是優先處理的事項，要麼把這件事排進將來某一週的星期五規劃時間。也許將來的你會決定不去做，但最起碼，將來的你會是主動做出選擇，並不是拋之腦後，看到新聞報導才發現最後期限又過了。

固定每週進行規劃，就表示將來的渴望可以有效記錄下來並往前推進，距離實現又更近了幾步。無論有哪一種渴望，都可以反覆進行這個過程。你四月看到鬱金香，那可以傳送訊息給十月的自己，選個時間種下球莖。你聽說國家公園的旅館在開放夏季訂房的第一天往往就訂光了，那可以在開放訂房日之前，事先寄個備註給將來的你，方便做好準備，搶到時段。

像這樣處理大小事，一段時間過後，就會開始發現自己可以塑造將來，可以引導將來的路線。在混亂的生活中保有掌控感，正是靜謐的本質。就算水勢洶湧，還是有能力完成重要的事情。

星期五的案例

「選定每週規劃時間」的規則是平息混亂的必備要件。可以依照個人喜好，選定規劃時段。不過，如果尚未選定時間，或選了時間卻發現這時間有一些缺陷，那就要看這條規則的第二個部分：週五擬定計畫。

如果工作或上學是遵循典型的週一到週五的行程，那麼比起其他幾個主要的規劃時間（根據我的調查，是週一早上或週日晚上），週五——尤其是週五下午——具有四大好處。

- **機會成本很低**。週五下午通常很難開始投入新的事物。到了週五下午，很多人會漸漸陷入週末的狀態。如果下班前的幾個小時都浪費在等下班，怎麼不把這段時間用來規劃呢？
- **你可以把星期一變得很有生產力**。只要星期五做規劃，就能充分利用星期一的早上。很多人剛開始做事的時候都比較精神抖擻，做了一陣子就容易精神不濟。但如果星期五做規劃，星期一早上就可以趁著有衝勁的時候，在重大的專案上取得進展。不要把這份衝勁拿來思考「將來的」你應該做什麼（到時的精力和活力可能不如星期一早上）。還要注意一點，星期五做規劃時，要是發現自己必須約人見面或安排開會，還是可以在星期五的上班時間進行，有必要的話，就能星期一見面。假如等到星期一早上進行規劃，才發現要聯絡某個人，那麼最快也要等到星期一稍晚的時候，或是在星期二甚至更晚的時間，才能把會議排進行程。

• **你可以改善週末的情況**。我打算提前一個禮拜思考週末要做什麼。不過，我也明白，很多人不喜歡提前八、九天規劃休閒時間，如果不提前思考，那麼星期五做規劃的話，就有機會想想即將到來的週末。你可以安排家庭活動或社交活動。然而星期六早上大家都不太想做事，與其試圖在星期六早上擬定計畫，不如星期五就思考星期六要做什麼，這樣比較有可能騰出空檔，投入大探險。

• **你可以讓「週日恐慌症」平息下來**。我知道，有很多人會在週日晚上擬定計畫，這樣確實還是考量了星期一早上的心力分配（如果你需要跟某個人合作，那麼你在週日晚上獲得回覆的機率會低於星期五；如果你需要約上班時間在某處見面，那就必須在機會成本高的星期一約人，不要在機會成本低的星期五約人）。不過，星期天做規劃，有個大問題，那就是度過週末的時候，並沒為下週的上班日擬定計畫。雖然你知道會有一些複雜的問題等著你，但是你不太清楚是哪些問題，也不曉得自己該做些什麼來處理這些問題。在這樣的不確定感下，大腦會一直反覆思考這些問題。喜歡工作的人一到週日就焦慮不安，背後的一大主因就是不確定感。原本是休閒時間或家庭時間，卻用來反覆思考未來一週即將面臨的、不明確的一些工作。如果星期五下班前，就清楚知道自己打算怎麼做完那些需要完成的事情，就可以放鬆下來了，讓自己的大腦獲得真正的休息。

星期五下午做每週的規劃，每個星期五都這樣做，那麼每一週的每一天，生活就會變得靜謐許多。

從「發生的事」到「重要的事」

至於查看即將到來的行程，效率時間的參與者（例如泰瑞莎）多半都很精通這個概念。他們忙著工作養家，依照行事曆過日子。不過，對很多人來說，從「發生的事」轉變到「重要的事」，從見面時間的規劃拓展到關係與個人成就的規劃，可說是很有意思。的確，有些人甚至會覺得振奮不已。

「我已經排了每週規劃的時段，用來安排工作優先事項。然而，我認為關係和個人類別的優先事項規劃也有其價值，所以我不覺得自己週末『沒做事』。」有個人這麼寫道。她開始腦力激盪，想出各種新的興趣，主動排進生活裡。「我也許可以使用Skype跟朋友聊一聊，也許可以在某個上班日去餐廳，跟老公在有暖氣的帳篷裡共進午餐。也許可以規劃時間，更常練習彈烏克麗麗；也許可以擬定書單；也許可以規劃新的健身課表。」

大家預期會感到平靜，感到有所進展。

參與者的觀點：找出障礙

我請參與者思考一下，在培養星期五規劃習慣時，可能會碰到哪些難關。幾位參與者擔心，在排定的規劃時間可能會有突發事件。確實可能會突然有事發生，但總是可以安排備用時段（規則五有說明）。假如你的星期五規劃時段第一選擇是午餐後，如果到時上司突然說要聊一下，那也可以改在離開辦公室前再規劃。假如查看之後的行程，發現整個星期五下午都滿了，那麼第三選擇可能是星期五早上。

有些人擔心自己會忘記。這個問題是可以解決的，比如設定鬧鐘或其他類似的提示，或者把規劃排進星期五的每天工作清單。

不過，大致上，從一百六十八個小時騰出二十分鐘的時間來規劃其餘的一六七・六七個小時，應該算是很合理的要求吧。所以大家最常碰到的一些難關，反倒是屬於心理層次，不是運籌層次。

有些人擔心星期五下午會太累或分心，或者趕在週末前做著還沒完成的工作。如果是這種情況，而你擔心騰出二十分鐘規劃會有耽誤，那就改成十分鐘的規劃時段。有總比沒有好，就算是短短幾分鐘，也有可能找出方法，免得**下週**的星期五下午還要處理一大堆未完成的工作。至於疲累和分心的感覺。記住，規劃工作耗費的心力程度不如實際從事你規劃的工作，在手帳裡寫下「打電話給三位潛在客戶」，會比實際打電話給客戶還要容易多了。星期五下午會感到疲憊，所以才會是絕佳的規劃時間。

有幾個人訴諸於自然而然的靈感，擔心規劃會讓生活變得沒那麼有趣。我在其他情況下經常看到這類抱怨，但是因為我會請大家規劃關係和個人的優先事項，而這些往往是大家想做的事，所以怨言也就少了。跟某位朋友一起買票去看你最愛的球隊打球，這件事引發的抗拒感肯定遠低於需要整理車庫時所做的規劃。

還有一點更引人擔憂，有些人覺得江水流動得那麼快，何必還要試著去划水：

- 「有時不得不做的工作量多到措手不及，連寫都不想寫下來。我有點擔心，要是擬出了龐大的待辦事項清單，就會覺得很洩氣。」
- 「生活讓人措手不及的時候，我就不做這個規劃練習了，因為我就是『沒時間』。我只看得到眼前的緊急工作，顧不了別的；我的念頭之間沒有空隙，像漩渦一樣一起旋轉。」

我們都有過這樣的經歷，覺得自己在溺水，還要努力撐過每一天。不過，在我看來，出現這種感覺時，二十分鐘的規劃時段可以被視為救生圈。無論你有沒有全盤徹底思考，大量的責任還是會維持不變。不過，不明確的期望會比已知的期望還要可怕。只要知道自己面對的是什麼，就有東西可以抓住不放，堅持下去。我們可以做好準備，掌控自己的心力。若有措手不及的感覺，就表示規劃更有其必要，不可以把措手不及當成藉口，跳過練習。

另外，有幾個人覺得生活確實難以預料。有人寫道：「我規劃得很好，可是計畫接著就被擊沉了，我很灰心，所以不想浪費時間。」

可以理解，而且假如我五年前就寫了這本書，那麼近幾年就會更能理解這種想法。效率時間的參與者才剛擺脫長達一年的疫情限制措施。他們曾經眼見著二〇二〇年的一堆計畫化為飛煙，出國度假、專業會議，還有小孩首次參加住宿的夏令營等這類的里程碑，全都泡湯了。受夠了一再取消，那就想想自己為什麼會在意。與其花時間規劃，不如好好放鬆，生活隨遇而安，這樣不就好了？

這個論點很吸引人。不過，就算是在這個未定的世界，還是有著規劃的理由：

1. 很多計畫不用改變。

假如你為一週定下了六大目標，情況突然有了變化，有兩項目標無法實現。這樣會讓人灰心，但幸好你在四項目標上還是有所進展，比起一事無成，好上許多。在生活中，要麼全有、要麼全無的思考模式，可說是少有助益。對一件事感到失望，連帶著對其他順利的事也無法樂在其中，絕對不是聰明人會做的事。

2. 沒有規劃的話，很多美好的事情肯定就不會發生。

假如有一天你想回學校拿學位，想學習畫畫並參加畫展，想帶著家族去紐西蘭旅行，就算疫情導致這些選擇脫軌，而且誰曉得將來還有哪些選擇會脫軌，總之這些選擇不會像仙子的魔法光粉那樣散落到任何人的生活裡。你必須主動計畫才能實現。時間向來是一場賭局。如果希望自己的訃告記載了這些事情，就必須抓住機會。

3. 就算擬定的計畫後來沒有實現，擬定計畫還是有其益處。

美國前總統艾森豪說過一句名言（他本人說那是很久以前在軍中聽到的話）：「計畫本身毫無價值，但規劃卻是重要無比。」在平常的生活環境，正如同在戰場上，事情很少會按原定計畫走。然而，比起從沒思考過可能性，只要在籌畫上有了通盤的思考，就可以更輕鬆穩住重心。

當我們思考著令人愉快的計畫（相對於戰役），規劃的背後就有了更好的論點：**事件帶來的快樂多半來自於期待**。如果我為了八月的約會，預約了The French Laundry餐廳（必須在幾個月前一開放訂位就使用預約系統才行），那麼我在八月前就會花很多時間期待完美的料理。我會想著松露、葡萄酒，甚至麵包上的奶油的產地。我會想著這件即將到來的樂事，想的時間會比用餐的三小時還要久多了——我當然希望這一餐會成真——不過，就算這一餐沒有成真，我的計畫還是帶來了很多的喜悅。這世界有時冷漠艱辛，於是顯得這份期待感並不是微不足道。沒錯，有時正是擁有期待感，我們才願意起床面對這世界。

結果

大致來說，計畫確實會實現。效率時間參與者擬定的計畫當然實現了。該項研究的第二週步入尾聲之際，有相當多的參與者表示，他們花時間投入個人與事業的優先事項，而不是呈報計畫開始前在優先事項上的最近進度。

進度有很強的激勵作用，怪不得，在該項研究中的遵守規則方面，這條規則獲得很高的分數。九週結束時，使用一分至七分的評分量表，詢問參與者是否打算繼續在每週固定時間進行規劃，結果平均得分超過六分。

正如艾森豪的理解，有了計畫，就能好好穩住重心，而參與者也發現，規劃有利應對難以預料的情況。有人寫道：「我知道應該會有什麼情況，也很清楚，要是有緊急的客戶任務突然冒了出來，我還是能穩住重心。」另一個人寫道：「我非常清楚，這星期有哪些事很重要、很緊急，所以我對於意想不到的情況，可以更自由地做出反應。」這個人最後必須對原本的計畫做很多更改，但她通盤思考了哪些可以犧牲、哪些不可以犧牲，所以「不得不偏離計畫時，會有安全感，不會看不見那些絕對必要的事情」。

就算生活把各種岩石與急流都朝參與者丟了過去，但只要確信自己不放棄重要事情，就像某人所說，「儘管被干擾還是繼續往前邁進」，那麼靜謐感就會由此而生。參與者運用了排好的、重視優先事項的規劃時段，才不過短短一**週**，就有幾十人表示自己產生了平靜感：

- 「（有了規劃後，）就算一整週十分忙碌，還是覺得安穩。這個月是今年工作量最多的月份，而我應對壓力應對得很好。」
- 「（實踐這條規則後，）忙碌的一週不再那麼混亂，能花時間去做自己想要做的事，還有必須做的事。」
- 「就算沒把所有事情都做完，也覺得自己做得夠多了，因為打算要做的事都做了。」

只要掌握一整週的情況，還有正在發生的情況，就會開始更加意識到哪些適合、哪些不適合。有人說：「我覺得比較容易『拒絕』不重要的事情，因為我這週已經計畫好了，已經滿了。到了這週結束的時候，不會說我這週就是沒辦法處理某個大案子或大活動，而我覺得這樣很好。」

培養技能來擬定合理的待辦清單，可不是一件小事。每週五都查看確認，就會擔負起責任來。如果一直說下週要優先做某件事，卻一直都沒做，那最後也就不得不承認混亂了。

也許會決定放下，也許會決定實踐，而有很多計畫的參與者都決定實踐。有好幾個人表示，他們在更大的計畫上有所進展，以前他們往往會把這類計畫往後延。

「有了規劃後，我擺脫了二十四小時的心態，從更為長遠緩慢的觀點去看待目標。」有個人如此寫道。

還有人在事業上跨出了一大步：「我有個事業優先事項是應徵所屬機構的新工作，這樣就比較容易利用三個晚上和週末的額外時間，準備求職信和履歷表。」

也有參與者說：「對我來說，規劃有個部分最好，就是我會想出一份清單，列出該採取哪些具體又清楚的小步驟，才能完成模糊的大計畫，而我會把幾個小步驟安排到預先排定的每日深度工作時段，然後確實完成！」

對很多人來說，有了規劃，就能利用時段專注工作，因為大家會有策略地看待自己的行程。對於卡在辦公時間的會議，就重新排定時間，或者做出用心的選擇，比如早上十點開會前的辦公時間，會用來處理實質的工作，不處理電子郵件。

如果工作時有更平靜的感覺，那麼私人時間就會有更喜悅的感覺。「我會事先思考，規劃一些有趣的事情，比如：跟另一個家庭一起帶小孩去公園玩，當媽媽的去參加戶外的狂歡時段，在當地外帶炸魚。」有個女人如此寫道：「在忙著工作及上學的一週，這些消遣算是相當多了，我可以從期望當中獲得喜悅，而實際投入這些消遣，也能獲得喜悅。」

應對辛苦的片段

當然了，不是一切都順遂。雖然二〇二一年春天，美國放寬疫情限制措施，但是有些國家的參與者卻面對新一波的封城措施，他們的計畫因此變得複雜起來。然而，就算碰到托兒所和學校突然關閉的狀況，只要擬定良好的計畫，就能落實生活。只要知道最重要的工作優先事項是什麼，必須要做哪些事情，那麼一有時間就要先去做這些事情。雖然做完的事情不多，但是確實做完的事情就是應該要做完的事情。

有幾個人回頭看才清楚發現，如果擬定了計畫，又希望依照計畫做出決定，那就要時時查看計畫（所以我才會把手帳打開，擺在居家辦公室的書桌上，這樣週末也可以查看）。有位參與者說，他把計畫塞在某個地方，馬上就拋在腦後，等到下星期五才想起來。

「有點像是事先擬定預算，然後又不查看預算，等到錢都花光了才看。」這個人後悔地說：「我一定要養成每天審視計畫的習慣。」

其他人發現——或再次發現——規劃需要估算時間，而估算時間很難。我有個通則，大多數的事情花費的時間比你想的還要久。也就是說，規劃每天要做的事情數量，要比你想的還要少才對。待辦清單列了五件事，有可能實現。待辦清單列了五十件事？——不太可能實現。

話說如此，只要追蹤時間，對於看似不明確的部分，利用群眾外包來處理估算工作，這樣或許能估算得更準確。

大致上，只要多加練習，規劃起來就會更簡單。你要釐清哪些事情必須密切規劃，哪些事情可以更自由一點，不同的情況有不同的平衡。有個人深思後說：「我上星期五沒有把這週規劃好——原本可以更好的——在事業、個人、關係方面，我找出了關鍵的優先事項，卻沒有排出時段，所以雖然知道自己想完成哪些事項（而我也做了），但一整週還是有很多時候會覺得『我現在應該要做什麼？』既然這個策略有個目的是要去除模糊的空間，清楚自己該怎麼運用時間（至少我是這麼看的），那麼擬定更具體的計畫會有幫助的。」

有些混亂需要時間才能解開糾纏不清的情況。有參與者感嘆說，尤其是職場上，緊急又重要的事情往往會把重要卻不緊急的事情給排擠掉。不管是哪一週，好像就是沒有充分的空檔可以兩種事情都做。不過，或許只要踏出一小步又一小步，最後兩者都能兼顧。「就算是半小時的時間，只要開始想事情，都好過於只把事情列在清單上，卻永遠沒開始做。希望像這樣一直規劃每週的行程，做起來也會更容易一點。重要卻還不緊急的事情，（多半）遲早會變得緊急，如果我夠快開始處理這類事情，那麼之後要做的事情就不會那麼多，這樣就會有更多空檔去做重要卻（還）不緊急的事情。」

正如此人所料，只要持續規劃，那麼規劃的益處就會逐漸增長。你要持續評估現況，放眼未來。在竭盡努力之下，重要的事情是有可能先發生，然後再變得緊急。你要培養思辨能力，在潛在問題發生前，就先釐清問題；還要握有主導權，集合手上的資源，把可以解決的問題都解決掉。也就是說，危機會減少，而發生的危機也不會變成災難。

為時二十分鐘的星期五規劃時段無法解決所有事情，但我保證可以解決很多事情。那何不至少實驗看看呢？有位效率時間的參與者不相信這當中的智慧，可是問她要怎麼應對這個難關，她卻這麼寫道：「我可以加入時間研究，不管我喜不喜歡，研究人員都會直接叫我做。」

我喜歡這個答案。就算我們察覺到以撒．華茲描寫的大江流水承載著我們的年歲時光不斷流逝，但我們還是全都希望自己跟時間的關係有所改善。正如設計思考者所說，試試看又沒什麼害處。也許沒有用處，但也許星期五花二十分鐘規劃，就能創造出平靜快樂的感覺，更可以騰出時間做重要的事情。而在不斷流動的江水上漂浮，這樣的體驗也會因此變成愉快許多。

採取下一步

夢想一百清單

若要針對即將到來的一百六十八個小時進行規劃，聚焦於重要的事，不關注剛剛發生的事，就必須知道什麼是重要的事。你想花時間做的每一件事，也許都已經心知肚明了。這樣很好，但有時沒那麼清楚。我想起了「追隨內心的熱忱」這句老生常談的畢業致詞引發的苦惱，若要追隨內心的熱忱，就得先知道內心的熱忱是什麼。有多少人在二十二歲時就篤定知道內心的熱忱在何處呢？甚至是四十三歲或六十五歲的時候？內心的熱忱也會隨著自身處境的變動而有所變化。

釐清自己想花時間做的事，得要付出努力才行，而這番努力也是值得的。懷抱夢想，就會有生產力。只要知道哪些事情值得在生活中騰出時間去做，規劃的時候就可以把重心放在樂趣和意義上。

為了釐清哪些事情值得在生活中花更多時間去做，建議你列出「夢想一百清單」。這項練習是職涯教練卡洛琳．真妮澤—李文（Caroline Ceniza—Levine）在十幾年前分享給我的。我在第一本時間管理的書《一百六十八個小時》就寫過了，而十多年後，我一直聽到大家說很有幫助。

夢想一百清單正如你的想像，就是把生活中想要體驗或擁有的一百件事情給寫下來，可以是一般願望清單會有的事項（譬如去斐濟玩，跑馬拉松等），但多數人列了想去的二十五個國家，願望清單就停在第二十五項。列出一百件事情很難，而這就是重點所在。你會開始思考斐濟旅行以外的事，開始思考一些比較不落俗套的事（比如為了耶誕節就大張旗鼓的裝飾房子）。

建議把清單的事項劃分成以下三種（前文探討星期五規劃的時候提過）：事業、關係、自我。

夢想一百清單不是待辦清單。清單裡的任何一件事，不用堅持做到底。所以不要修改內心的想法。就算你只有在孩子的派對上唱過生日快樂，還是絕對可以把「在卡內基音樂廳唱歌」當成夢想寫下來。寫了這個夢想，也許就會因此在寫下一個夢想時，寫「上聲樂課」，而再下一個夢想也許就會是「下次跟瓊安和羅伯特一起去唱卡拉ＯＫ」——只剩下九十七個夢想了！

你有幾次會需要回頭查看這份清單。有些夢想也許永遠不會實現，沒關係。不過，希望等到你列完一百個夢想，就會有一大堆在事業上、在個人上可行的抱負。這些夢想可以當成是規劃時段的素材。如果你覺得去當地的露天啤酒吧會很好玩，那可以聯絡某位朋友，擬定計畫，下週四在那裡聚會。這件事就會成為下週的關係優先事項。如果你認為組成小型的智囊團對你的事業應該會很有幫助，下週可以花時間想想誰也許能加入，什麼樣成員的組成結構會有用。

這裡的深層概念是真正去思考什麼應該會讓人樂在其中。在很忙碌的那幾年，很多人會以為自己沒時間，所以就沒費心思考自己有時間的話會想做什麼。只要一有自主的時間（人人都有自主的時間，至少偶爾會有），眼前有什麼事，就一定會去做。晚上的時間都花在整理堆積如山的郵件，沒有邀瓊安和羅伯特一起去唱卡拉ＯＫ，沒有請另一半顧小孩，沒有為了週二晚上的樂曲就踏出家門。

星期二不管怎樣都會流逝的。所有的時間最終都只不過是橋下的江水。不過，思考自己想怎麼度過將來的時間，就能推動江水往更有趣的事物流去，最起碼是更難忘的事物。夢想一百清單就有這樣的作用，所以花一點時間開始寫吧，將來的幾年就會獲得回報。

週五擬定計畫

● 規劃問題：

1. 你的規劃現在看起來怎麼樣？
2. 這條規則的重點在於選定每週規劃時間。你每週會在星期幾進行規劃？
3. 你什麼時候要規劃？自由選擇，可以是時鐘時間（例如下午兩點），也可以是活動時間（寶寶睡午覺的時候；開完員工會議後）。
4. 你覺得規劃一週行程需要多少時間？請以分鐘計。
5. 從選定的每週規劃時間，你覺得自己會看到（或你確實看到）哪些益處？
6. 哪些阻礙可能會導致你無法進行定期的規劃練習？
7. 你怎麼應對這些難關？

● 實踐問題：

1. 在星期五（或你選擇的規劃日）做規劃，會對你一週的行程造成什麼影響？
2. 在實踐本週策略時，你面對了哪些難關？請說明。
3. 你怎麼應對這些難關？
4. 你需不需要修改這條規則？如果需要，該怎麼改？
5. 你在生活中繼續應用這條規則的機率有多大？

規則三

下午三點前活動筋骨

運動不是耗費時間做，而是騰出時間做。

大型企業可能會有好幾棟建築分散在園區裡。有位女性對我說，前陣子，她開始跟一個工作小組合作，但那個小組在幾棟建築外的地方。也就是說，一天至少會有一、兩次，她在園區裡必須走很遠的路去開會。她通常會設法提前把事情做完，所以算是輕快的散步。

走路原本會很累，而她確實也把這種情況當成是時間管理難關的例子。不過，事後想想，她說這個不得不做的日常活動有一些好處。她到達會議現場時，比多數人在上班日時還要機警多了，她長期忍受的肌肉僵硬狀況也有好轉。她猜想，應該是因為更常活動身體，所以在這方面有所幫助，只是一直沒辦法把運動排進行程。

最後卻因此排進了行程。

她的意見縈繞在我的心頭，因為那碰巧是個十分普遍的現代問題。人體就是要活動才行。

在大部分的人類歷史，人不得不一直活動。不過，如果你正在閱讀本書，就表示你的工作時間大部分都要坐著。放假的時候可能會有比較多的活動，但也許並沒有——大部分的人都是開車前往各地。疫情導致這個問題惡化，數以百萬計的人們開始在家裡工作，從床鋪下來，拖著腳步走一、兩公尺就走到桌前，食品雜貨和家庭用品都盡量使用宅配。宅配員走了很多步，我們呢？沒有。

久坐不動的生活還不錯，我寧願把時間花在寫作上，畢竟會有進度，也不願去提水。不過，缺乏活動會讓身體抵達臨界點，生產力開始下降。我持續蒐集研究結果，那些研究把體能活動跟各種藥劑相比，尤其是針對削弱精力的慢性症狀而開立的藥。結果發現，規律運動的效用等同於抗憂鬱劑，對於輕度到中度的憂鬱症都有成效。運動的作用如同安眠藥，可應付輕度的失眠症。有一項研究發現，以七天為期，快走五次或更多次數的人，到了一週結束時，對疼痛的敏銳度會比控制組低百分之六十。

運動也是天然的興奮劑。我很喜歡的某項研究是研究人們一整天的活力高低，結果發現人覺得特別累的時候，突然改做五分鐘的體能活動，自評的活力分數都會提高。滿分是十分的話，活力是從三分提高到九分。一小時後，人們還是會給自己六分，這是原本活力的兩倍。

不用採取邏輯上的大跳躍，也想像得出來，活力值徘徊在六分以上、花五十五分鐘完成的事情數量，多過於活力值卡在三分、花一整個小時或更長時間完成的事情。因此，我想要說，運動（如同睡眠）不是耗費時間做，而是騰出時間做。在合理的情況下，投入體能活動的時間會回報在自己的身上，你會更能專注投入，對於時間，更能做出好的選擇，並在難關出現時，更懂得應對。要做完更多事情，活動身體正是絕佳的方法。

只是有一點很麻煩，雖然大家應該都會認同前述的評估，但是在大家的眼中，「運動」不太容易排進現代生活的行程裡。

不得不健行十分鐘去跟團隊開會的那位女性，要提早起床開車上班，工作一整天，然後開車回家，擔起家庭責任。如果運動的意思是健身一小時，健身完還要沖澡，很少有全職工作和家庭的人能夠每週健身好幾次。這樣也沒關係（請見下一章講述的效率時間的規則四：養成一週三次的習慣），但如果想要的是運動在提振心情和活力上的作用，那麼每天運動會比較好。這就是給藥頻率，而開立的藥劑是用來處理那些可仰賴運動緩解的慢性症狀。總之那就是我們的目標劑量。

此時就要講到**效率時間的規則三：下午三點前活動筋骨**。

為了提振活力，為了更落實生活，請**在每一天的上半天**努力做某種體能活動**至少十分鐘**。雖然運動時間越長越好，但十分鐘也是個開始。效率時間的參與者有很多人都發現，就算是短短十分鐘，一天的情況也會有所改變，而日復一日落實這樣的改變，最後生活就會有所轉變。

這條規則提到的「活動筋骨」，可以是任何一種活動。大部分的人會選擇走路，但也可以選擇伏地挺身、仰臥起坐、開合跳、壺鈴擺盪等。在院子裡到處追著小孩跑，推嬰兒車，也可以算在內。跑步、健身課等傳統運動只要有效用就很好，但是如果沒效用，也不用非得流一大堆汗，之後還要沖澡。在我演講時提到自身行程難關的那位女性，她在開會前沒換衣服，也還是看到了一些益處。有總比沒有好。

至於「下午三點前」，這個部分需要更進一步的解釋。

有研究發現，規律運動的人比較會在早上運動，因為就像我們在晨間習慣部分討論過的，在人們的生活中，早上往往比較有規律。如果把運動排進了晨間習慣，就會在早上做運動。如果安排在下午五點鍛鍊體能，計畫有可能會告吹，因為會議可能會開得很晚，或者可能要載小孩回家。

然而，注意到一點，我沒說「早上十點前活動筋骨」。我定下這條規則，用意並不是要說服大家報名參加早上六點的CrossFit健身課。如果你決定要這樣做，或者已經很投入地在早上運動，那樣很好，這個決定可以提振活力，一整天都能獲益。然而，如果你偏好的運動模式是大部分的晚上等小孩入睡後，在晚上八點跟跑步機約會，那就不用改變。同時，我會恭喜你，因為你利用的這個時段，很多人都很難化為有生產力的目標。

在我看來，除非你已經一星期運動七天，一年運動三百六十五天，否則這條規則可以促使你把多一點的活動排進生活裡，通常只要多一點活動就會很好的情況。

日常習慣策略

下午三點前活動筋骨，這條規則會帶來幾項正面的成果，尤其是在忙碌的上班日。首先，除非你順利擠出時間，參加早上六點的體能鍛鍊，否則這條規則就意味著你至少需要休息一次。

大家都需要休息。人很容易就陷入接連的會議或約定，在會議之間的空檔或赴約的空檔，查看電子郵件。然而，要是沒有真正休息，就是假休息了，比如，前幾天在社群媒體瀏覽高中同學的狗的相片，然後點擊廣告看時尚的睡衣，結果四十五分鐘就這樣不見了。如果選擇在休息時間散步十分鐘，休息會更有效率。

至於下午三點，這個時間不是隨便挑的。只要記錄自己一整天的活力值，就會發現：平均來說，下午三點差不多就會降到最低點，至少平常上班時間是這樣。所以作為第二項益處，如果你知道自己下午三點前要活動筋骨，而你三點前還沒活動筋骨，那麼這裡的一點微爆氣流可以幫你回到正軌。你多半能撐過剩餘的工作時間，不用仰賴咖啡因或糖果棒。

不過，這條規則就跟其他規則一樣，都具有更深遠的意義。

要做到每天下午三點前活動筋骨，就必須對自己的生活做通盤的思考，在這久坐的社會，這點尤其重要。你必須思考每天——上班日和假日——的情景，哪些地方也許有可運用的時間。你成為你生活的將軍，巡視戰場。什麼可以移動？什麼不可以移動？度過時光的時候，有哪些運籌問題必須解決？

這種策略心態具備了各種外溢的益處。如果找得到空檔或騰得出空檔，散步十分鐘，那麼還能策畫出其他哪些空檔呢？也許空檔比你料想的還要多。基本上，**是你把自己的時間給掌握在手中**。每天的十分鐘休息時間會讓你想起這件事實，也促使你盡量去拓展這個權限範圍。實踐這條規則，就是每天都證明你對自己的生活握有主控權，而一段時間過後，這個每日的證據就會導致「措手不及」的說法起了變化。努力在下午三點前活動筋骨，也因此注意到自己的活力在一整天的起伏，並掌握自身的活力值。只要了解這些節律，就能把這些節律記在心裡，並開始規劃生活。困難的事情要安排在最有能力處理的時段。你要想清楚，該怎麼有策略的調度一些短時間內可做的活動，以振作精神，撐過低谷。簡單來說，你變得像是精英運動員的教練，激發運動員達到巔峰表現。在這種邁向最佳表現的心態轉變下，你的成就會超乎你的料想。

不可否認，十分鐘並不長，而只是在附近散步就要呼喚將軍和教練，聽起來也許很笨。不過，這條規則的重點其實是要針對你自己還有你度過的時光，打造出全新的心態。此外，活動筋骨通常感覺很好，至少你正在活動時是這樣。活力值上升了，就會開始在行程裡找其他空檔來活動筋骨。也許會把十分鐘的時段給延長，至少有時是這樣。下午兩點半，基於責任去散一下步，就會踏進有如珍寶的六月時光，遼闊的藍天彷佛在微笑。結果花了四十分鐘散步，畢竟你會了解到，沒有什麼是不能等的。

參與者觀點：實踐的想法

效率時間的參與者大部分已經規律運動。約百分之六十的人表示，自己一週至少運動兩小時（相當於四個三十分鐘的時段），只有百分之三說自己沒在運動。大家做的運動，有常見的運動方法，比如騎腳踏車通勤，也有不那麼常見的運動方法，比如堆疊木材。二〇二一年春天，這世界擺脫疫情的時候，很少人說自己會去健身房，但有一些人已經買了派樂騰（Peloton）飛輪車，或至少使用了派樂騰的應用程式。

儘管這樣的活動程度已經叫人稱羨不已，但大部分的人還是願意並亟欲找出更多時間，尤其是要在一天的縫隙中找出時間來，尤其要抱持著「運動是一種生產力工具」的心態，運動並不是基於減重這種模糊的渴望而去做的一件苦差事。只有百分之七點五的參與者說這條規則不適合自己。

對於活動筋骨的時間，參與者提出了各種想法。「我可以定下規則，每次開完會就去散步十分鐘（如果要接連開會，就在會議時段後去散步）。」有人寫道：「我離開會議的時候，都覺得一直頭暈眼花，反正那時需要休息一下，遠離螢幕，整理思緒。」

有幾個人建議，可以一邊打純音訊的工作電話，一邊散步。參加線上會議，可以關閉攝影機的話，也可以散步。在家工作且有養狗的幾個人建議，上班日可以去遛狗，不要只打開後門讓狗自己出去。我在春天蒐集到的資料，有些人喜歡天氣暖和的時候不開車，改成走一小段路去學校或托兒所。有人利用了這條規則的推動力，重新回到老習慣，一次在跑步機上面跑五分鐘，還特別提高了坡度。

有位家長定下目標，每當八年級的孩子每天上完線上課程後，就一起去散步。

大家還看到一些機會，可以提高一般活動的強度。比如有個人決定在小孩中午騎腳踏車時，要更特地跟小孩在院子裡四處跑。還有個人決定去處理前陣子冰風暴留下的一堆枯枝。

參與者觀點：找出障礙

除了前述想法外，人們當然還預料會有大量的難關。無論是基於預期，還是實際去實踐這條規則，都會遇到一大堆的難關。有些人的工作很固定，無法活動筋骨，或者起碼是沒辦法投入自己選擇的活動。有位女性說，根據合約規定，她值班期間要待在建物裡，每天只有短短二十分鐘可以吃午餐，而且要在指定的時間用餐。幸好，每天下午三點半就下班，她很喜歡那個時間去放鬆散步，離下午三點也不太久。公司要是嚴格規定上班時間要有兩個十五分鐘的休息以及三十分鐘的午餐，也許可以利用其中一個休息時間去外面散步。（除非你的工作是劈木材，那應該可以隨意跳過本章。）

對某些人來說，上班日就是覺得太忙了，沒辦法在特地選擇的休息時間鍛鍊自己。有些人認為，要是沒保持低調，看起來還有時間做其他事情，很怕同事會批評。有人說，這道難關是「在對自己說沒時間，還有更緊急（重要）的事情要做，擔心下午三點左右去散步，同事會怎麼想……」。

休息十分鐘或許會讓人更專心工作好幾個小時，即便大家多少知道這點，但最後期限即將逼近，十分鐘都覺得太過珍貴，不能揮霍。別人提出的要求好像沒完沒了似的，有人說這樣的狂亂狀態是「看似沒價值的東西不斷湧入」。就算我們的身體沒被鎖鏈綁在桌前，但只要外界把忙碌看成是有價值的，那麼對自己的時間行使明確的權威（比如離開座位去散步）可能會很冒險。

在家工作，休息時間沒有同事盯著，應該會更容易休息。然而，有好幾位在家工作的參與者跟我說，他們還在監督年幼的孩子，因為托兒的安排或學校的課程被疫情打亂了。有位女性寫道，理論上，她應該能在午覺時間使用跑步機，可是「十二點半到下午兩點半的午覺時間是其中一個主要的工作時段」。她老公下午三點回家接手，這時她必須把之前還沒做完的工作給做完。她不得不對抗腦袋裡的以下說法：「十分鐘散步休息完全就是在放縱自己。」（我的建議：不需要利用午覺時間！要讓嬰兒待著不動，推嬰兒車散步是很好的做法。）

有幾個人提到一項很實際的擔憂，運動可能會滿身大汗。

「如果我做的事真的會流出一滴汗，那我必須先把衣服換掉，然後走到大樓另一側的浴室。」有人這麼寫道，還算出十分鐘的體能鍛鍊前後還要多花十分鐘的時間。這樣一來，這條規則的風險肯定就會升高，某件事在心理上要花三倍時間，就很容易說服自己不去做。不過，如果覺得從停車場走到桌前，並不用換衣服，那麼同一種活動多做幾分鐘到底會帶來多大的改變，就很難看得出來了。

人們會說日子從手中溜走，會說沒有動力，是因為具體的因素（例如天氣），是因為籠統的因素：「對於一些小活動，我高估了負荷，低估了益處。」

我們明明看到自己的思維當中存在著錯誤，當下卻還是屈服於種種藉口。大家都預期到會很累，或者上班日很善於活動筋骨，但一到了鬆散的週末，一切就都瓦解了。自由時間有限，工作任務之間有短暫休息時間的時候，有些人寧願去做別的事情，例如閱讀。

參與者觀點：以創意方法克服挑戰

大家想了一下，找到一些方式來解決這些難關。例如，有個人原本擔心同事的想法，後來卻決定「不管怎樣就去做，我工作的時候，下午三點左右不一定會去散步，但是有些日子會去散步，散完步以後會更有生產力，而且沒坐在桌前的那個十分鐘，沒有事情出錯。」

沒把小孩送去托兒所的家長，會跟小孩一起運動。有人說自己做瑜伽時，年幼的小孩就穩穩安置在瑜伽墊的中間。年紀稍大的小孩也許會喜歡使用自己的瑜伽墊，看著客群是年輕觀眾的影片，跟著做動作。當小孩進入崩潰模式，只要播放動聽的歌曲，跳舞跳五分鐘，小孩的心情就會徹底轉變。當你進入崩潰模式，只要聽歌跳舞，心情也會有所轉變。

有些人開始對休息時間做出調整。有個人信奉番茄工作法（也就是工作二十五分鐘，然後休息五分鐘），他體悟到派樂騰應用程式「有極短的體能鍛鍊（五分鐘或十分鐘）」，於是就在番茄工作法的休息時間鍛鍊身體。

有幾個人很難記住下午三點前活動筋骨，開始把散步休息加入每天要重複做的待辦事項，或開始像安排開會時間那樣去安排休息時間。有些參與者發現，建立一些選項，有其智慧。在攝氏二十四度的晴朗天氣下，在日常的三十分鐘午餐時間散步，十分理想，但如果氣象預報說有大雷雨，那就在辦公室上下樓梯吧，或關門做伏地挺身，而天氣不好的日子，甚至可以拉長休息時間，去室內的健身房。

還有些人決定探索內心的抗拒感。抗拒感多半是一種要麼全有、要麼全無的思考模式，例如：在健身房待不到一小時，不算是運動；除非滿身大汗（運動前後要留十分鐘換衣服），否則就毫無用處。有人寫道，自己體會到「運動可以很簡單，比如走路十分鐘。我認為自己要做的主要事情就是重新定義運動，這樣就不會那麼抗拒運動，也不會怕去運動。」

有位參與者甚至開始複述以下的座右銘：「只要十分鐘，想做什麼運動就做什麼運動。」健身房教練不會叫你衝刺來折磨你，不用攀爬繩子，不用穿那種看起來像笨蛋的衣服，不用為了自己選擇的食物，去計算自己要燃燒多少卡路里作為彌補。重心完全可以只放在樂趣上。

只要擁有靈活的心態，就總是有方法可以做至少十分鐘的事情。之後容光煥發，就會明白了，也總是有理由可以去活動筋骨。我幾年前決定每天至少跑一英里（約一．六公里），才發現了這一點。

三年期間，我有時會在狹小的旅館房間繞著小圈子跑，懷孕九個月時，就在家裡的地下室，慢慢繞著圈子跑，這些都很滑稽吧。不過，跑完步，感覺其實好些了。感覺並沒有沿著海邊懸崖跑八公里那樣好，而是感覺更好。

有位效率時間的參與者去看她剛被診斷患有癌症的哥哥，而在那週，參與者試著應用這條規則。就算那週跳過不做，也是可以理解的，但她認為做了可能會有實質的好處，可以增進快樂。她說：「因為我在這裡沒有墊子，所以我的腳在地毯上一直滑。因為我哥沒有啞鈴，所以我使用 Le Creuset 鑄鐵鍋。我發現有個大丘陵可以散步，就帶哥哥一起去。總是有方法可以運動。」

結果

只要抱持著解決問題的心態，並且把重心放在樂趣上，那麼大部分的人都會明白，每天下午三點前活動筋骨，有其益處。效率時間的參與者會看見自身的活力穩定增加，在計畫期間，擁有充分的活力，可以去做自己需要做或想要做的事。在一分至七分的評分量表上，對於「昨天，我有充分的心力去處理自己的責任」這句話，一開始的同意分數平均為四·九五分。

人們實踐了定下就寢時間的規則以後，對於這週有沒有充分的心力去做自己想要做的事，這題的同意分數平均為五·一分。人們開始在下午三點前活動筋骨以後，對於這週有沒有充分的心力去處理自己的責任，這題的同意分數上升至五·三一分。先是一直上升，然後稍微穩定下來，但就算是計畫結束的一個月後，分數還是居高不下，對於「昨天」有沒有充分的心力去處理自己的責任，這題的平均分數是五．四九分。就算人們在平均上已經算是相當常運動，這個數字在統計數據上還是非常顯著。在我的研究中，約百分之二十的人原本是不同意自己有充分的心力應付忙碌的生活，但經過九週後，卻同意自己有充分的心力。

有幾個人確實決定在早上運動，當中的好處就是會讓人一直設定鬧鐘：

- 「只要我很早運動（特別是早上第一件事就是運動），一整天都會很有成就感，還會覺得有前進的動力。」
- 「今天做完了！不會脫軌了！」
- 「早上運動，就會早上沖澡打扮（這是相對於當天其他不明確的時間點），所以下午出門辦點雜事或走去學校接小孩，對自己會有更好的感覺。」

至於更看重「下午三點前」的人，他們覺得從當天擠出空檔有其益處。只要採用策略方針來應對上班日，就會找到適合自己的節奏，專注工作的時間以及真正恢復活力的時間交替進行。

有人寫道，離開桌子和螢幕，「心態和態度就會徹底轉變」。另一個人寫道，「這樣心理上的休息很不錯，充滿活力回到桌子前面。」還有些人覺得「更平靜、更處於當下」，「有精神又專注」，「把工作量看得很清楚」。

「我的確發現自己的心情和活力有所提升。」有位參與者說：「那個星期很辛苦，有很多原因，而我有很多天都不想活動筋骨，但也知道，只要活動筋骨，感覺就會好轉。」

這份可靠正是這條規則的神奇之處。大家花了很多時間金錢，努力讓自己覺得更快樂、更機警。只要做十分鐘的體能活動，就幾乎次次都能達到這項目標，也不用花錢。

沒錯，這類短暫的休息最後往往是人們一天的精彩部分。有人寫道，「在陽光下，走去附近有一段距離的麵包店，公園有樂團在演奏，這麼久以來，那是我有過的最美好時光之一」，還說那「對我的心理健康很有幫助」。

人們堅守這條規則，開始體會到一點，這條規則鼓勵的是「我的時間掌控在我自己手中」的思維，還開始倚賴這種日復一日的做法，有利養成一些終生的習慣。

「我努力找出一段時間是每天都可以騰出來的，不是單獨看待每一天，不是去問：『今天什麼時候可以去散步？』」某個人如此表示。

只要決定每天都去做某件事，就不會擔心有沒有動力，不會擔心某些日子會不會出現額外的難關，不會擔心行程會不會有改變。去做就對了。這在心態上是一種突破。要問「什麼時候？」，不要問「會不會？」，這樣一來，時間大致上就會變成一道解題的練習。

有答案存在，只要找到答案就行了。只要找到答案，就會變得更專注，而從前看起來很難的事情，也會準備去做。

採取下一步

每天待在戶外二十分鐘

每天做體能活動，有助於平息混亂，但不是只有這個習慣可以讓生活變得更開心、更落實。

路克．布夏茲（Luke Bushatz）隨著美國陸軍派駐於阿富汗，返回家鄉後，他的妻子艾咪表示：「他確實陷入了危機。」他的車輛被簡易爆炸裝置炸到，他受到創傷性腦損傷。那次攻擊造成他的幾位友人死亡。路克回到美國，處理創傷後壓力，一家人的生活過得很辛苦。不過，艾咪留意到一件事。兩人待在外面時，情況似乎有所好轉。她說：「彼此溝通起來比較容易，他比較放鬆了，就好像看到對方漸漸把重擔放了下來。」

自然而然，夫妻倆開始跟兩個年幼的兒子一起去健行露營，共度更多時光。

二〇一六年，他們決定搬到阿拉斯加州的小鎮帕爾默（Palmer），更方便從事戶外活動。路克很喜歡那裡，退役以後選擇的事業是帶領非營利組織，帶著退役軍人進入偏遠地區；艾咪的感覺比較五味雜陳。阿拉斯加就是阿拉斯加——很冷，有時還很暗。艾咪說：「只有天氣合我心意的時候，我才會出門，使用我送給自己的工具。住在大自然附近，可以自由進出，不多加利用的話，對你沒有好處。」

有了這份體悟，艾咪向自己提問：「假如養成習慣，每天待在戶外一段時間，一年以後，結果會是什麼呢？」

她決定一天至少要待在外頭二十分鐘——這個時間長度好像做得到，而假如要費心穿戴連指手套、靴子、套頭帽等嚴寒天氣的衣物，那麼待二十分鐘也算是值得了。

所以她就這麼做了。

阿拉斯加的夏季很美，春季和秋季色彩斑斕。布夏茲家還買了戶外按摩浴缸，因此就算是霜寒的日子，也覺得開心。然而，隆冬時節的景色卻是截然不同。從十一月到一月，太陽每天只升起短短幾個小時。帕爾默有個特別難忘的氣象預報是負二十度，鄰近的冰河吹起猛烈的寒風。艾咪說：「超冷的，鼻毛都結凍了，感覺很奇怪。」

為了努力在戶外時間嘗試新事物，她做了一個有點愚蠢的決定，要設法在零下十度的天氣下跑馬拉松。她瀕臨失溫，跑到二十九公里就不得不放棄。她每天待在戶外的那段時期，還曾有一次在滑手機的時候，差點撞到一頭麋鹿。

不過，就算是辛苦的日子，她一回到室內，就總是感覺好些了。

她撐過了三百六十五天，然後持續下去。我們聊的時候，她說她已經連續堅持了一千四百多天。她說：「在心理健康上的廣泛益處，我再怎麼強調也不為過。不只是心理健康而已，還帶來創造力，心理上能夠跟親友保持更好的關係。」每天都有個理由可以離開電腦一陣子，去欣賞這世界的諸般奇景，就算奇景是機場外的停車場，就算那是唯一行得通的二十分鐘，也很好。

我喜歡這個想法。一旦開始在每天下午三點前活動筋骨，怎麼不也努力去外頭待個二十分鐘呢？雖然兩者不一定重疊（你可以在外頭靜觀，或者觀看太陽升起，不做什麼活躍的事），但是兩者絕對是可以結合的。兩者的益處十分類似，基本上就是設立當日的「重設」按鈕。大家都知道，運動可以提振心情，而新鮮的空氣也做得到。把運動和新鮮的空氣結合起來，就算是平常日，也會快樂得好像置身於世界的巔峰。

以下幾種策略方法可以更落實這個習慣：

1.購買優質的服裝。

俗話說，沒有惡劣的天氣，只有劣等的衣服。有了優質的雨衣、雨褲、防水靴，傾盆大雨就只是些微的不便罷了。暖暖包塞進手套裡，就算循環不良的人，也會覺得暖烘烘。比起及腰外套，遮住大腿的羽絨長外套更能抵擋寒冷的天氣，而若低於十五度就需要遮住臉部。

2.嘗試各個時段。

如果炎熱是你的難關，那麼你可以去除的衣物是有限的，所以應該要試試看各個「時間」。中午也許殘酷，但在門廊上喝咖啡看日出，會是一段令人詫異的親密交流。晚上散步賞月，也同樣很好。

3.就算天氣（或行程）有了變化，還是知道自己會做什麼。

就算有優質的服裝，也可能沒有適合場合的服裝。此外，生活很少會按原定計畫走。如果確實想要把某件事變成日常習慣，那就要好好想清楚，第一選擇行不通的話，第二選擇是什麼。如果下雨了又沒傘，也許可以等晚上天氣好了，再帶小孩去散步。艾咪找到一處能躲避惡劣天氣的樹林，若有強風，她無法走原本的路線，她就會去樹林散步。如果突然要去看牙醫，擾亂了下午的時光，那麼也許可以等晚上小孩睡著以後，坐在外頭聆聽蟋蟀的叫聲。為重要的事情擬定備用方案（見規則五），那麼事情實現的機率就會大幅增加。

一旦決定每天待在戶外二十分鐘，並且開放胸襟，接納新的體驗，那麼挖掘出的奇景就會更多。後面幾章會探討，在合理範圍內，記憶的持續時間會比目前的緊張感或不適感還要久了許多。

艾咪不建議在零度以下的氣溫跑馬拉松，即便如此，你也許會對自己的能耐感到訝異。

某個星期一晚上，艾咪打算帶著兩個兒子，做每週一次的社區散步（跑步），穿越小鎮。布夏茲家那裡的天氣很好，約五公里外的帕爾默卻被大雨襲擊。她說：「街上淹水了。有相片拍到那天晚上有人在街上划獨木舟，把這當成玩笑。」

情況很荒謬。他們沒帶雨具，就算帶了也沒用，水淹得比雨靴還要高。不過，有十個人還是現身，想要跑步。所以他們一起決定看看會發生什麼情況。艾咪說：「水坑的深度都到膝蓋了，我們還是跑著通過。」他們笑了出來，水都濺了起來，那個不尋常的星期一快樂地烙印在他們的大腦。她說：「那次跑步，我們基本是用游的。那次的雨中跑步不可思議又難以忘懷，現在回頭去看，我很開心，我們沒有轉身回家。那是我們最好玩的經驗之一。」

輪到你了

下午三點前活動筋骨

● 規劃問題：

1. 平均來說，你目前每星期做多少運動？你通常會在什麼時候做運動？
2. 你會做什麼種類的運動？
3. 平常的日子，下午三點前，你會做哪種體能活動做十分鐘？如果大部分的日子你已經這麼做，想想該怎麼把十分鐘或十五分鐘的筋骨活動排進中午時間。
4. 想想今天的情況：你今天什麼時候可以做這項活動？（如果已經過了下午三點，請思考一下，像今天這樣的日子，什麼時候可以在下午三點前運動。）
5. 明天呢？你明天什麼時候可以做這項活動？
6. 哪些難關可能會導致你無法在生活中安排更多的體能活動？
7. 你怎麼應對這些難關？

● 實踐問題：

1. 你這星期做了多少運動？你是在什麼時候做運動？你做了什麼運動？
2. 在大多數的日子，在下午三點前活動筋骨，你看到自己的生活受到了哪些影響？
3. 實踐本週策略時，你面對了哪些難關？
4. 你怎麼應對這些難關？
5. 如果要更改這條規則，該怎麼做？
6. 你在生活中繼續應用這條規則的機率有多大？

第二篇

讓好事發生

培養習慣，做更多重要的事情

日常生活中，總有一些令人惱怒的沒效率的情況。比如有並排停車，讓附近的交通阻塞造成十五分鐘的延遲；又比如在定期會議上，有人岔題抱怨著某個不相關的案子，拖延的時間比會議的重點內容還要久。

眼見著一分鐘又一分鐘的時間有如沙漏裡的沙紛紛溜走，於是做出了合乎邏輯的結論，時間必定是稀少的。我們希望能設法抓住一些時間。所以時間管理文獻資料的重點，往往是怎麼從我們多少能掌控的一些日常活動當中，「刮」出休息時間，把這些搜刮來的時間加起來，就終於能騰出空檔，做一些以前好像很難做到的樂事。

在此承認，這方面的資料我讀了很多。我一直希望自己會學到一些厲害的生活訣竅。我以前都不曉得的那些空檔時間，我會一一找出來。那麼生活訣竅必然會是「一邊沖澡一邊清理浴室」這類的句子，還有以下看似聰明的想法：如果要寄很多電子郵件，而且郵件裡的回答都是「ＯＫ」，那麼不要輸入「ＯＫ」，只輸入「Ｋ」會比較好。

要是那就是美好生活的秘訣就好了，不是嗎？

可惜，這個難以預料的星球不會有什麼太大的改變，就算是你自己的生活，也不會有太大的改變，不管你寄出的電子郵件有多少，光是跳過一兩封的電子郵件，不會有太大的幫助。跟親友建立緊密的關係，事業和個人的優先事項有所進展，經歷的週末讓人到了週一早上還是覺得溫馨快樂，這些事情都不是一蹴可幾。

如果想要享受這些事情，那麼比較聰明的路線是從其他方向來應對時間。

首先，把心目中重要的事情全都排進生活裡，那麼自然就不會花那麼多時間打掃浴室、寄電子郵件、處理其他用來填滿時間的事情。

效率時間的第一個部分，重點在於培養一些可促進幸福感的習慣，藉此平息混亂。這些習慣最後也會幫助我們運用策略去應對每一個小時、每一天、每一週。這些規則都到位了以後，就會覺得生活變得落實許多。

第二個部分是奠基在這樣的根基上，闡述我們能用什麼方法促成好事發生。先思考自己在生活中想要發展的部分，什麼時候可以做這些事情，然後擬定可行的計畫。要考慮到生活的複雜性，制定彈性的行程。要找出方法，讓每星期的生活變得更難忘。要騰出空檔，做一件開心的事情（工作和家庭的責任不算在內）。

這些規則加起來，生活就會變得沒那麼步履維艱了。每星期的生活也會變成是令人期待的事情。就算生活沒按原定計畫走，還是清楚知道自己在目標上會有所進展，漸漸享有平靜感。我們有力量，可以打造出自己想要的生活。後續四章會說明做法。

規則四

養成一週三次的習慣

事情不用每天都落實，也不用在每天的同一個時間執行，生活還是有其意義。

莉亞·柏曼（Leah Burman）在養育幼兒的生活上，想出了很好的節奏。她是住在馬里蘭州的軟體開發員兼敏捷開發教練，習慣在上班前的清晨五點半運動。小孩睡覺（晚上八點半）後、莉亞睡覺（晚上十點）前，莉亞和擔任大學體育教練的老公伊恩會共度這九十分鐘的時段。

孩子都會大的，等孩子大了以後，這個行程突然就再也沒用處了。柏曼家的孩子到了青春期前的九歲至十二歲期間，就跟爸媽一樣晚睡。這年紀的孩子確實再也不需要保姆了，但從事活動的時候，還是需要有人監督一下，所以莉亞和伊恩配合學校作息時間，調整了工作上的行程。莉亞早上六點就開始工作，伊恩早上負責處理孩子的事情。放學後的時間，莉亞接手處理，而伊恩在訓練。

最終結果：上班日的晚上，他們再也沒辦法共度兩人時光。

二〇一九年末，我和莉亞初次寫信討論她的行程，莉亞對我說，早上六點工作，開始「扼殺了自己早上的健身課表」。「在小孩下午從事活動的時候，或晚上晚一點的時候，我試過在這兩個時段健身，但就是不適合。」結果：「最後我跳過了大部分的時間。」

莉亞對這種情況不太開心。她想要弄清楚，在行程滿檔的生活中，還要兼顧運動時間和伴侶時間，有沒有什麼新的選擇。所以我請她記錄自己是怎麼度過一週的時間，然後再看看我們可以怎麼做。

她記錄的第一週情況令人欽佩。對方都已經讀過生產力部落格和書籍，所以提議幫對方進行時間大改造，是有些大膽的提議。莉亞利用通勤時間收聽Podcast節目。她規劃了各種的週末探險，她對我說，這是她在孩子還小的時候養成的習慣，而她老公帶球隊去比賽的時候，她每年約有二十個週末要獨自帶孩子。柏曼家會跟朋友去划船，去園遊會，摘蘋果，還會去葡萄園品酒。生產力專家卡爾・紐波特把專注工作的時段稱為「深度工作」，莉亞騰出了「深度工作」的工作時間，還在她的日誌裡這樣稱呼。對時間規劃的認識，已經算是專業級的了。

至於運動時間和伴侶時間這兩個她煩惱的源頭，其實沒有那麼糟糕。她做了協商，一週有一天在家工作（當時是二〇一九年，這世界大部分的地方都還沒採行在家工作的模式），而她和伊恩會在那天共進午餐，餐後，伊恩出門上班（指導下午的課）。運動的部分她星期六會舉重，星期三晚上跟朋友散步。

這兩件事都不太佔時間，卻很重要，帶來的體悟更是得以改變人生。這種說法聽來也許很戲劇化，但我會在這章提出論證。「未曾」以及「沒我想的多」，兩者有很大的區別。後者會引發漸進的變化，一段時間過後，行程就會產生變化。其實，行程產生變化，對生活的整個態度也會隨之改變。

所以莉亞為了舉重與伴侶時間尋找空檔的時候，我提議她採用**效率時間的規則四：養成一週三次的習慣**。

把目標定為每天都做某件事，一星期有七天或甚至五天要做，可說是難上加難。某些健康的習慣，比如活動筋骨十分鐘（見規則三）或刷牙，是值得費心去做的。不過，很多事情不用每天做。事情不用每天都落實，也不用每天都同一時間落實，在生活中還是有其意義。在我看來，一週做三次的事情，就算是經常做的事情。

這是好消息，因為把目標定為一週三次，相當可行。很多時候，大家注意自己的行程，就會發現某件事已經是一星期做了一次或甚至兩次。而要做到三次，需要的是一些妙計，不是全面的生活方式改造。有幾件好事已經在發生了，你要做的就只有再加上幾件好事。成功——也就是騰出時間做心目中的重要事情——就在伸手可及之處。當成功就在伸手可及之處，人就會獲得成功。雖然心態的轉變跟實際行程的改變差不多，但是心態的轉變很有力量。心態轉變，我們跟時間的整個關係就會隨之改變。

就莉亞的情況來說，她不用為了安排舉重，強迫自己週一到週五清晨四點起床。她可以在週六早上和週日早上舉重，這段時間合理多了，而且家裡還是很安靜。在家工作的那一天，她也可以在地下室舉重，特地去替代通勤時間。這樣就是一週三次了，符合習慣的定義。她只要做出一個小改變，就算是規律從事肌力訓練了。

至於伴侶時間，柏曼家只要跳脫星期六晚上（伊恩的球隊有比賽行程，所以很複雜），還有上班日晚上八點半以後的時段——這兩個時段以前行得通。每週在家吃一次午餐，是不錯的想法。莉亞提到，以前，夫妻倆有時會在上班日的晚上去附近約會。她覺得兩人可以挑一個晚上，在全家人吃完晚餐後出門喝一杯，家裡就交給年紀較大的那個孩子負責。夫妻倆會在大約一小時後回來，沒什麼大不了的。她提到兩人的臥室外面有門廊，只要好好利用，就可以避開孩子，享有一些隱私。夫妻倆的目標可以是週末在門廊共度幾分鐘的時光，這樣就能一週三次特地培養感情。

莉亞決定試試看這些策略。

幾週後，她回來找我，還帶了另一本時間日誌，比第一本還要更令人欽佩。她依照原本的計畫，舉重三次。正如她跟我說的，她認為運動是孩子在托兒所的時候或老公帶小孩的時候做的事情。不過，小孩年紀大了，不一定要這樣做，所以她需要「拋開陳腐的時間概念」，而在靜謐的旅程上，我們都應該考慮拋開那個概念。就莉亞的情況來說，即將進入青春期的孩子在週末早上睡得夠久，在他們想起床以前，她或許可以去跑個馬拉松。她和伊恩共進午餐，出門喝一杯，有幾次還在門廊那裡聊了很久（不是只有一次！）。她提到兩人「開心又訝異，原來只要特地找時間，就會找到很多的時間」。

二〇二一年，我對她進行後續追蹤，她說她還是繼續維持這些新的習慣。疫情封城期間，她和伊恩開始向當地的一家公司買開胃菜拼盤和雞尾酒，每週五下午，美食就會送達。孩子會自己玩，夫妻倆一起坐在門廊，迎接週末的到來。她回報：「我很訝異，我們根據你的時間大改造而做出的改變，還是保持在原位，就算發生疫情，也不例外。」沒錯，她週末還是會舉重。她把舉重安排在星期五、星期六、星期天、星期二（四個排好的行程，至少有三個行程會落實，這概念下一章會探討）。舉重加上每天散步（在下午三點前活動筋骨！），她算是很常運動。她表示，「養成一週三次的習慣」規則已經「對我的生活造成莫大的改變，也經得起時間的考驗」。

跳脫二十四小時的困境

有些活動我們會想花更多時間投入，例如：嗜好、靈修、彈奏樂器、創意工作、跟家人一起吃飯。大家都知道，這些活動有提振精神的作用，但生活忙起來，就灰心氣餒了。這些事情我們想要經常去做，結果卻落到一週只做一兩次。

可惜，一週一兩次感覺很少，這是因為大家預設的心態就是以天為單位來看待生活。如果一週做某件事一次，那就表示七天當中有六天你沒做那件事。大部分的晚上，上床睡覺的時候，會覺得好像沒達到目標。你低估了自己完成的事情，很容易就產生挫敗感。

不過，我們沒道理非得落入二十四小時的困境。應該抱持著「養成一週三次的習慣」的心態，開始更全面地審視時間，更慈悲地審視生活。我們要讚揚自己正在做的事情，要找出哪些小竅門可以有所提升，只要設立的目標不是每天做，就不會有壓力。「養成一週三次的習慣」，是一個可行的目標，有利培養自己想要的特性。

比如說，也許你想要經常跟家人一起吃飯。

然而，孩子有活動，家長有工作行程，所以星期一到星期五的晚上六點，沒人要揭開熱氣蒸騰的諾曼・洛克威爾（Norman Rockwell）燉牛肉。不過，你觀察自己的生活一陣子，發現全家人通常是星期天一起吃晚餐。你的集點卡上面已經蓋了一個章，現在只要在上班日再找出幾個固定的用餐時間，也許是新的週二早餐慣例，也許是星期五的披薩之夜，這樣全家人就會一起用餐了。

也許你的憧憬是跟孩子一起大聲唸童書，但就寢時間往往很混亂，或者那一週要工作到很晚，或者要提早出門。不過，也許會發現星期四和星期五的晚上通常都有空。在這份快樂的體悟下，你會去尋找其他的文學場所。也許你可以在星期六早上，一邊吃早餐，一邊閱讀一章。現在你一週讀三章，一個月讀一本書。你是那種會跟孩子一起閱讀長篇書籍的人。就算手邊有其他事情要做，你還是可以落實你所期望的這個特性。

如果想騰出時間去做你覺得重要的事，那就不要去找每一天的完美時間。很少人會在每天固定時間去做某件事。就算有人聲稱自己「每天」會落實某些習慣，其實也往往不會每天做。他們說的「每天」落實習慣，是指星期一到星期五，那就是一星期只做五天的意思。再稍微更深入探究，就會發現，星期五往往不算入「習慣」的類別。那就是一星期做四次了。如果跳過了假日、休假、病假，那麼長期的平均值應該會更接近一週做三天，不是一週做七天。我覺得很有意思，通常在星期一、星期二、星期三、星期四做事的人，往往會認為這樣就算是「每天」的習慣，而星期五、星期六、星期天做事的人，會以為自己這樣做不算是「每天」的習慣。上班日算進去，週末卻不算進去，這當中有何道理，我不清楚。不過，某種組合的天數才不是天生就比別種組合更加高尚。

不管怎樣，完美不用是良好的敵人，而這個最明顯的原因促使我教導這條規則。

不過，深層的概念也同樣重要。謬誤命題的敘事會導致人們的生活綁手綁腳，而很多謬誤命題的敘事是源於二十四小時制的困境。只要想著「養成一週三次的習慣」，並且記得一週有一百六十八個小時可以運用，這樣簡單轉變以後，心態也隨之改變，從稀缺變得充裕。

舉例來說，如果一週有一百六十八個小時，那你很快就會明白，「全職」工作並未佔去全部的時間。如果一星期上班四十小時、晚上睡八小時（每星期五十六小時），那還剩下七十二小時可以做別的事情，幾乎是上班時間的兩倍。有個常見的說法，說全職工作跟家庭、健康、社群參與是相互對立的。而相信這種說法的人現在肯定會辯解說，在這七十二小時的時間，要兼顧家庭探險、幾個為時三十分鐘的運動時段、當義工兩三個小時，才不可能找到時間做。我研讀了人們的時間日誌，敢打賭說，在六十二小時（一星期工作五十小時）或甚至五十二小時（一星期工作六十小時——根據時間日誌，這數據約是持續平均值的上限，就算是高強度的工作也是如此）的時間，你絕對可以找到時間做這些事情。

只要抱持一六八小時的心態，週末就從後來加上的時段轉變為一週的重要時段。我使用每週試算表，記錄我度過的時間，如果一週的開始是星期一早上五點，那就從星期一早上五點開始記錄，一週的中間點會落在**星期四**的下午五點。雖然星期四下午五點感覺好像是一週的**結束**，但是這個中間點之後的時間就跟之前一樣多。（沒錯，我很清楚，一週的後半部分多半都花在睡覺上面。不過，只要謹記這點並計算數字，就會發現清醒時間的中間點原來是星期四中午至下午三點之間。根本沒有很靠近星期三，而大家往往認為星期三是一週的中間）。

當然，一星期的時間並沒有多不勝數，但時間也算是很多了。只要記得養成一週三次的習慣，就可以用充滿可能性的角度，去看待我們擁有的一百六十八個小時。如果想要把某件有意義的事情加到生活裡頭，應該就找得到時間去做。我們可能會像莉亞那樣訝異，原來可以找出不少時間去做。只要在事情上做出一點改變，就能落實重要的事情。

參與者觀點：實踐的想法

我介紹了規則四以後，就請效率時間的參與者進行腦力激盪，想出他們想要更常做的各種活動。然後，我請他們挑選計畫期間想專注投入的一項具體活動，最好是他們偶爾做、想要更常做的事情。

大家提出了一大堆不同的想法，最熱門的答案是閱讀（但通常是指特定種類的讀物，例如閱讀專業書籍或經文）。有好幾個人想要寫作或寫日記。還有人想做手工藝品。多虧了規則三，有些人像莉亞那樣，原本每天散步十分鐘，後來做完正規的健身。有人想花時間跟另一半相處，或花時間跟小孩一對一相處。還有人說要煮給全家人吃、練習新的語言，或彈奏樂器。有人想研究小孩的病況。還有人想要一週三次處理更大的住宅改造計畫。大部分的人（百分之五十七）在過去一週至少做過他們挑選的活動一次，而百分之二十三的人在過去幾週做過該項活動。大家都是偶爾才做這些事情，做事的頻率往往不如所願。

我請大家想想下週的情況，想想他們打算何時去做他們挑選的那項活動。我請他們至少列出三次。並且想一下，在那三次做這項活動的時候，可能會面對哪些難關，又該怎麼應對這些難關。

這項練習會讓大家思考自己的行程，考慮籌畫事宜。例如，有人想做聖經研究，決定「在辦公室做個牌子，方便記住，要在星期一、星期二、星期五的下午一點半做聖經研究」。有人想練習彈鋼琴，要找別人不會在同一間房間看電視的時間。（我注意到一點，這個人也可以跟家人說，請他們不要再沉迷電視了！）

大家把事項加入所選日子的日常待辦清單，或者在週曆的頁面，放入三個勾選方塊。有人想增進瑜伽練習，答應要「事先挑出想做的影片，在手機裡設定具體的時間提醒」。有些人會在所選的一個工作休息期間，在下午三點前活動筋骨，但對於該週選定的活動，則會選擇使用別的工作休息時間。有幾個人選擇每週有三個早上要做運動；有些人的工作行程很忙，找出了週五和週末的兩天有空檔。

參與者觀點：找出障礙

有些人發現了一堆難關，可能沒辦法每星期做所選的活動三次。還有一些常見的因素可能會造成妨礙，工作危機就是其一。有位參與者說，在這一週，「每天都很晚下班，快下班的時候，顯然什麼也沒辦法計畫」。然後還有件事實，就像某位有潛力的藝術家說的，與其創造東西，不如滑推特還比較輕鬆。

有的難關很實際。如果想一星期畫畫三次，顏料就要隨手可得。寶寶在睡的時候，你應該不會練習打鼓（除非是電子鼓，而且你還得使用耳機）。有些人想跟另一半培養感情，那另一半也得要有空培養感情——這又讓行程的複雜度提升了一級。有些人想做的事是需要托兒才做得了的，這時就需要另一半或其他照顧者的支援。就算是小孩年紀比較大，家長也發現「家人都在家的話，很難偷偷溜去安靜的地方」，有人是這麼說的。

有些人就只是忘記了。生活變得忙碌，一週後才發現自己一直沒有做木工計畫。

但只要有一點規劃，就能克服這些實際的難關。

比如把自己的刺繡作品放在近處，方便隨手取得；把舉重器材放在工作室——他們研究自己的健身房行程，發現有些課程可以在家或辦公室完成。

另外有一點我覺得更為耐人尋味，對有些人來說，這條規則致使更深層的問題浮上檯面。有兩個問題特別常見：

一、**逃避**。

有幾個人堅守著每天都一定要做的說法，卻發現自己苦於完美主義或冒牌貨症候群。有個人描述自己試著發揮創意，如此寫道：「太久沒做，好丟臉！」

有時，順勢「永遠不做」，比較有安全感。如果沒辦法每天都在同一時間做某件事，要一肩擔起全職工作責任與家庭責任的人應該都沒辦法吧，那就表示根本做不到。還有一點最重要，**你沒有做，並不是你的錯**。這樣一來，做出不同選擇，隨之而來的風險，也不用承擔了。你可以感慨自己沒時間去創作腦海裡的完美畫作，而不用每週上三次繪畫課，創作出不太完美的畫作。

二、**內疚**。

還有「我不值得享樂」的問題。如果事情不屬於工作上或家庭上的目前顧慮，有些人就很難主動選擇去做。這個問題會隨著後文提及的規則（「打造自己專屬的一夜」）再度浮上檯面，少數的效率時間參與者也因此在「養成一週三次的習慣」活動上，選擇洗衣等家事。

這類問題經常出現。有位女性寫道：「我在『做事的時候』，覺得自己沒辦法做這種工作（創意寫作）。」她指得是工作的時候，或處理家庭責任的時候。「只有我自己開心又不賺錢的興趣，我覺得不值得去投入時間。」

有些參與者表示有壓力，托兒時間只能用來處理工作或其他必需品，不能用來從事個人事務，有的人甚至會把另一半納入「托育」類別。換句話說，可以請另一半照顧小孩一小時，好讓你去五金行一趟，但不可以在週末花一小時練習長笛。按照這種想法，除非小孩在睡覺，否則可以騰給個人事務的時間就是跟小孩相處的時間，所以選擇變得很有限。

有時，這類說法需要費一番心力才能解釋清楚。這條規則也許可以推動人們開始實踐。

不過，如果你發現自己抱持著這類想法，那麼這條規則極為實用，有助於改變你的觀點。

如果你「浪費時間」投入在只為了自己而選的活動，為此感到內疚，尤其又是你一開始會做不好的活動，那麼你浪費的時間只有一星期三個短暫的時段，就這樣罷了。在一星期的一百六十八個小時當中，三個二十分鐘的時段，就等於只佔了一小時而已。我遇過的人，七天的時間肯定至少浪費了六十分鐘。

另一方面，如果沒更常做自己選的活動就感到內疚，那麼抱持著「養成一週三次的習慣」的想法，也能擺脫內心的束縛。如果選擇了一週做你想做的事做三次，那你不但時時刻刻都維持了習慣，在心理上也獲得解脫。如果星期六下午不是你選的三個時段之一，那麼星期六下午沒有拿出顏料組，而是在看電視，也不會覺得不好。這樣就有了毫無內疚感的休息時間。

結果

人們多半會撐過難關。一個星期後，百分之六十二的人在調查問卷中表示，他們投入更多時間在他們選擇的活動上。根據中位數，多投入了六十分鐘。也許聽來不多，但在忙碌的生活中，感覺每一分鐘都被訂走了，而只要額外找出一個小時，練習彈鋼琴、舉重或閱讀書籍，生活就會有截然不同的感覺。人們很訝異，內心的渴望好像突然間做得到了：

- 「我訂下了每週做手工藝或編織三次的目標，也確實記得去做。」
- 「我認為訂下每天的祈禱時間很重要，但不一定能順利找出時間，堅持做到每天祈禱。我把這週要祈禱三次的事列為優先事項並排進行事曆，就能夠做到了。」

只要重複應用「養成一週三次的習慣」這句座右銘，就會發現幾項主要的益處。

首先，好幾個人表示，這個小改變造成自己的時間敘事有所轉變。所謂的時間敘事，就是有關時間去往何方、有關我們這種人應該怎麼做，我們對自己所說的故事等等。有人寫道，「我找到一些時間可以投入〔所選擇的活動〕，不會假定自己就是沒時間」，還另外表示，這條規則讓她「意識到自己可以主導自己的行程」。

有些人沉迷於這樣的主導權，就全力以赴起來。雖然額外花在所選活動的時間中位數是六十分鐘，但幅度最高會達十五小時。人們會推出或重新運作各種計畫。例如，描寫自己一邊「做事」一邊從事創意寫作，會感到內疚的那位女性，她就發現一週三次是可行的。反正她稍微做某件事的頻率往往也差不多，而且一周寫部落格三次的頻率也很不錯。

「我決定了，寫作是我的習慣。我是文字工作者，而這正是我需要的認可。我的目標是〔網站名稱〕上線，並且在我三十四歲的生日（今天）前運作，而我順利完成了。我很感激，我終於找到勇氣，把這個夢想列為優先。」

她不是唯一剛入行的、多產的文字工作者。還有個開始一週寫作三次的人發現了一件事實，在固定的時段投入創意工作，就會想出更多的概念：「我發現自己在想著，坐下來寫作的時候，要寫些什麼。我大腦裡的滾輪再度轉動起來。」

既然大家通常會選擇有趣的活動（至少不選家事的人是這樣！），那麼大家說自己很樂在其中，也就不奇怪了，而這是第二個主要的益處。有個一週寫日誌三次的人寫道：「我對於自己為此騰出的時段，非常期待，而且從事這個活動本身也很有意思。這也是我可以回頭查看的實體，會有放鬆的感覺。」

大家之所以喜歡這條規則，除了是因為更常從事所選活動，可獲得純粹的樂趣外，也是因為這條規則的重點是讓大家做到了有所成就。三次是非常具體的數字，對於以前只想更常做某項活動的人來說，是很有幫助的。在忙碌的生活中，要做到三次也是做得到的。很多參與者承認自己抱持著「要麼全有、要麼全無」的思維，以前所選的活動帶來的樂趣因此減少。

「我覺得自己選擇做的事情，其實對自己來說，是有生命力的，不會感嘆著自己沒去做。」某個人如此寫道。

對於提到要放下內疚的人來說，這種表達方式——可以稍微做一下某件事，或者就是做得適當，不用求完美——本身就會把失望化為滿意：

- 「一月的時候，我完成了三十天的瑜伽挑戰，真正做到了每天做瑜伽。二月的時候，我繼續不斷練習，只是做不到每天都做，所以覺得自己在瑜伽方面有點『失敗』。我設下目標，一星期做瑜伽三次或四次，重新擬定了我對成功抱持的想法。」
- 「我設下的目標是下廚三次，而做到以後，我感到自豪，特別是因為我那一週工作超忙。如果沒有設下這個目標，那麼就會因為『永遠沒下廚』、仰賴老公和外賣，覺得不好受。這個目標把內疚感給帶走了。」

消除內疚感，可不是一件小事。好幾個人確實表示，沒有試著每天都從事活動，所以「壓力反而沒了，其實更常從事那項活動了」。在效率時間計畫的第四週期間，有些人甚至最後一週七天都做了他們所選的活動。他們意識到這樣的頻率不是最低限度的要求，而是額外的好處，並為此樂在其中。有人寫道：「等到工作又忙得要命的時候，我會知道自己可以『依賴』一週三次的頻率。」

就算生活如此複雜，還是有可能成功

靜謐的本質就是平靜的感覺，要是覺得自己很失敗，就很難有平靜的感覺。如果是在理應有助於靜謐的事物（例如瑜伽）上覺得很失敗，就特別難有平靜的感覺。要是覺得自己在做的事情對自己來說很重要，而且做這些事情做得夠頻繁，彰顯了這些事情的重要性，那麼對自己的行程就會感到心滿意足。很可能是因為這種在心態上的快樂轉變，大家對於繼續應用這條規則，才會懷抱著很高的渴望（滿分是七分的話，拿到了五點九九分）。

如果你只會從本書當中學到一件事，那麼我希望你謹記這件事：就算置身於複雜、偶而混亂的生活，還是有可能成功。你不用等待將來某個不那麼忙亂的時間，就可以成為你想成為的人。只要站在不同的觀點，專注去做你能做的，那麼**現在**就可以成為那個人。

這無疑就是效率時間的部分參與者學到的一課。

有位女性寫道，「我是四十幾歲的媽媽，有個四歲的孩子，我最大的其中一個難處，就是想做的事沒辦法定期做，有時會感到不滿。」她年紀大了才當媽媽，「在很多方面確實美好，卻也要經歷身分的莫大轉變，這完全是因為當媽媽以後，時間好像更不受自己掌控了。」

做家長的都會有同感，卻也能從以下的體悟當中獲得慰藉：「一週做某件事三次，就會成為習慣，就只是這個想法而已，卻刻印在我的心頭，沒錯，我依舊是那個會閱讀的人！會努力健身的人！會做家常菜的人！會跟老公共度有意義時光的人！」她做那些事情的頻率，也許不如以往，也許不像責任較少時那樣自動自發。「不過，如果我一週可以找出三個時段去做某件事，那麼那件事就是一種習慣、一種嗜好，也是我的一種特性。」

我喜歡看見調查問卷上面寫著的答案全都是大寫字母。正如這位參與者所言，這點清楚呈現出這條規則會改變人生，而且會比她以為的還要更容易做到。

我想，你也許抱持著有缺陷的時間敘事，以為事情一定要多常發生，以為生活中能實現的事情就那些而已。「養成一週三次的習慣」的規則有助於這類的敘事發生轉變。你想怎麼描述自己呢？「我這種人就是會＿＿＿＿＿＿。」不管你在空白處會填寫什麼事，你能不能一星期做三次？也許你認為做不到，但答案往往是做得到。我們的目標是打造出的生活要有空檔去做重要的事情，其實只要這樣做就行了。

勾勒理想的一週

一星期要做某件事三次，為了想清楚要在何時做，就要好好掌握行程才行。要掌握行程，最佳的方法就是實際去記錄你度過的時間。

這些年來，成千上萬人參與過我設計的時間紀錄挑戰。這過程可說是發人深省。

如果你以前沒記錄過自己度過的時間，請取得試算表，或拿筆記本，或下載應用程式試試看。把自己做的事情給寫下來，只要記得就盡量常寫，只要是覺得有用的細節，就盡可能詳細寫出來。目標是整整一百六十八個小時都堅持記錄下來。我想，到時你會熟知自己的生活情況，你會熟知自己的價值觀，還有你的選擇在生活的日常節律中是怎麼呈現的。就算只是設法針對運用時間的方式重新改造，也是大開眼界（有人寫道：「那些半小時的時段，我一點記憶也沒有，難不成我是被綁架了嗎？」）。

不過，假設你已經做了，然後呢？

友人麥特．艾密克斯（Matt Altmix）跟喬爾．拉爾斯嘉（Joel Larsgaard）共同主持《賺錢之道》（How to Money）Podcast節目，他記錄自己的時間已長達一年多，記錄支出也有多年，過程很類似。他還體會到其他的相似處。他對我說，在處理金錢的時候，「記錄支出是很重要的一步，但跟擬定預算還是不一樣」。你不會只想知道自己的錢去了哪裡。你會很想弄清楚，將來應該把錢用在哪裡，而且是按照自己的責任和渴望去用錢。他說：「我必須這樣處理自己的時間。」

於是麥特決定擬定時間預算，開始把它稱為「麥特的理想一週」。他肩負工作責任和家庭責任，那麼他的理想一週會是什麼樣子呢？

他有空白的行事曆，並想出幾個大類別。接著，他思考自己想做的事情該怎麼分類。他安排了運動時間。他想了以後，覺得下午四點半——不是下午五點或五點半——停下工作的話，那麼他跟四個年幼孩子共度的晚間時光應該會有所好轉，他也去研究哪些做法效率高。他還安排時間，讓他和妻子凱特可以分別輪流跟小孩一對一相處。

他發現到，等小孩睡了以後，等他和凱特做了家事並交流彼此情況以後，他還有整整兩個小時的時間，可以想做什麼就做什麼。

發現這個有空的時段以後，他變得有動力多了，不會只是白白浪費這段時間。於是他開始定下「週二社交日」，小孩就寢後，只要凱特可以顧小孩，他就能去別人家，坐在門廊上聊一下，或者請某位朋友過來作客。他發現自己有空可以看一部兩小時的電影，還是能準時上床睡覺。在擬定時間預算前，他覺得做自己想做的事好像很不負責任。

不是每一週都達得到理想，確實沒有一週完全做得到。不過，當麥特勾勒了「麥特的理想一週」的輪廓後，理想要化為現實，機率就高出許多。

我想，你也會發現同樣的情況。因此等你記錄了自己度過的時間以後，請設法打造出屬於自己的、實際可行的理想一週，這樣不僅能意識到你自身的責任，還能展現出你的最佳狀態。

請使用空白的行事曆（建議使用試算表，列出一週的一百六十八個小時），思考一下，你想要的一週是什麼樣子，並據此安排行程，自問：

1. 在不同的日子，你什麼時候會起床？
2. 你早上會做什麼？

3. 你什麼時候會工作？
4. 你想要的上班日是什麼樣子？
5. 上班日的晚上呢？
6. 在實際可行的、理想的週末，你會做什麼？

沒錯，你在週末擁有的空閒時間長短不一，但還是可以制定一般的範本。例如，在天氣不錯的週末，我最起碼會在某個風景優美的地方做一次長跑，或者規劃半天的家庭探險；星期天早上跟合唱團一起唱歌，還享受著某種只限成年人的消遣。

當我們對生活感到灰心，往往會以為自己需要做出很大的改變。我之所以喜愛勾勒理想的一週，是因為它證明了微小的改變可以造成莫大的影響。

也許你這些年來已經注意到了，下午三點後到晚上七點前，可以完成很多事情。不過，因為你對於全家人一起用餐也很重視，所以你以為自己不得不犧牲這段工作時間，而原本在這段時間，你或許能進入心流狀態。接著，你決定勾勒理想的一週。你規劃了理想的工作時間和晚餐時間，結果發現，也許啊，只是也許，別人可以負責每星期做三次晚餐，或者你可以稍微晚一點再吃晚餐。如此一來，現在你可以利用更多有生產力的時段，同時也跟家人一起開心吃晚餐。

也許你會發現，在兩個上班日的早上，提早醒來三十分鐘，然後利用幾個午餐休息時間，就能騰出空檔做運動並投入創意寫作，而且這兩件事每星期都可以做個幾次。這兩件事不用相互較量，魚與熊掌可以兼得。

生活不一定會照著人所希望的那樣運作。而這正是下一章出現的原因，下一章會探討怎麼擬定彈性的行程。當生活有所變化，理想的行程也不得不在一段時間之後隨之變化。不過，如果你熟知理想的行程，至少現在是這樣，那就可以把理想的行程謹記在心，據此做出決定。隨著你經歷的時間越來越接近你的理想時間，你會變得更加快樂。這是值得經歷的美好事情，盡可能每星期做個好幾次。

輪到你了

養成一週三次的習慣

● 規劃問題：

1. 思考你在生活中想更常做哪些活動，並列舉一些活動。
2. 選擇一項具體的活動，下一週要把重心放在這項活動上。
3. 你上次做這項活動是什麼時候？
4. 你很期待下一週的到來，那麼這項活動什麼時候可以實現？請至少列出三個時段。
5. 哪些阻礙可能會讓你無法一星期做這項活動三次？
6. 你怎麼應對這些難關？

● 實踐問題：

1. 你選擇這星期要專注投入什麼活動三次？

2. 你這星期在你所選活動上所花的時間，有沒有超過前幾週？

3. 如果有，那你多花了多少時間在這上面？

4. 打算每星期做這項活動三次以後，產生了什麼影響？

5. 如果有難關的話，哪些難關會影響你而導致這星期無法做這項活動三次呢？

6. 你怎麼應對這些難關？

7. 你需不需要把這條規則改得更適合你應用？該怎麼改？

8. 你在生活中繼續應用這條規則的機率有多大？

規則五

安排備用時段

誰都能擬定完美的行程。
時間管理大師都會擬定彈性的行程。

很多職業都各有挑戰要應對。會計師和律師努力在公司裡成為合夥人，學者追求「終身教職」——這是正式的職務，職位是終身的，但最為人所知的是它代表著成功，要獲得這項榮譽，教授通常需要完成一定數量且具有獨創性的研究。接著，研究結果還要登上同儕審查的期刊。

幾年前，紐約州立大學舊韋斯特伯里分校教育系教授伊莉莎白・莫非斯（Elizabeth Morphis）有了取得終身教職的機會，當時她請我提供時間管理的建議。她需要騰出空檔撰寫研究報告，然後把論文送交出版，她必須在忙碌的生活中做到這件事。

說的比做的容易。由於伊莉莎白的工作使然，她和老公，還有兩個年幼的女兒，全家搬到長島的北岸。這樣對她來說很方便，但她的老公每天要通勤一個多小時去紐約市上班。既然她人在長島，所以上班日的時候，要是小孩生病，或放學後保姆不來的話，她就成了該負責的家長。伊莉莎白身為教育教授，核心職責是督導幾十位沒經驗的教師在課堂上應用新技能，不用說，那裡也有很多地方可能會出錯。

結果，她的時間日誌顯示，她騰出空檔來滿足他人的各種需求。此舉雖是高貴又良善，卻無關她的研究和寫作。

於是我請伊莉莎白查看行程，請她提出幾個用來投入研究和寫作的時段。我已把「養成一週三次的習慣」的規則告訴了她，她為了確實投入研究和寫作，提出了基本工作時間以外的三個時段。星期一和星期五的早上六點到七點半，她老公去搭火車以前；星期三下午五點四十五分到六點四十五分，她晚上要教課，會請托育人員顧小孩。

在理想的一週，或許沒問題，但不用是教授也推算得出，那三個短暫的時段有多容易消失。萬一伊莉莎白睡過頭了呢？萬一她老公偶爾需要提早出門上班呢？萬一保姆遲到了呢？萬一有個學生要在上課前見她呢？沒有多久，她每星期就只剩下一、兩個小時的空檔，不夠用來處理重要的優先事項。

於是我們回頭審視行程，找到了一些較長的時段。

既然上班日的時候，伊莉莎白要負責放學後的大部分時間，所以我們做出決定：她可以休一天。她星期四下午沒課，所以如果她安排平日的保姆去學校接兩個女兒，那麼大概從午餐時間起，她有四到五小時的時間可以專心投入研究及寫作。伊莉莎白的老公，是沒有充分利用到的人力資源。既然上班日絕大部分是由她顧小孩，所以她知道他週末會願意做多一點。夫妻倆取得一致意見，星期六下午大致上是「爸爸時間」，伊莉莎白會從中午十二點工作到下午四點左右，專心投入她的計畫。

這樣感覺已經有很多時間了，但是接著我們又加上了最後一個妙計：如果基於某種原因，星期六下午行不通，那她會挪到星期天。

每週安排兩個時間較長的時段，還有一個正式的備用時段，那麼不管會發生什麼事，她都極有可能起碼會有一個四小時的時段，能夠為了取得終身職位而專注在工作上。

伊莉莎白同意試試看這個行程。果然，第一週的時候，保姆星期四生病了。伊莉莎白的工作時段被切分成小碎片。

在很多講述工作與生活的文獻資料裡，此時我們就會感嘆自己不可能全都抓在手裡。不過，伊莉莎白不用這樣感嘆，因為週末的時段還是有空，所以她那週還是有好幾個小時可以投入她的計畫。接著，下一週的時候，她有星期四和週末的時段，所以會有更多進度。

她越來越確信自己每星期起碼會有一長段的寫作時間，此時一件有趣的事情開始發生。

她開始規劃出每星期的具體研究和寫作內容，用以消除寫作的焦慮感，並幫助她高效率分配時間。例如，有位同事主動提議要讀她正在寫的論文，方便她修訂並重新送交，而她接受了。星期四的時段過後，她把完成的內容寄給同事，然後她及時收到內容，在週末的時段根據同事的意見進行修改。

這些較長的時段——加上備用時段——到位後，伊莉莎白的投稿步調快速增加。接著，如大家所知，疫情來了。學校再也不是師生見面的場域，於是教學還有教導人們怎麼教學，這兩件事變得錯綜複雜。然而，二〇二一年，情勢穩定下來，我和伊莉莎白重新連絡上。她對我說，她持續採用備用時段策略，好讓自己有空檔投入那些有利事業發展的工作。這項策略確實讓她得以繼續往前邁進，而百分之九十九的人碰到同樣情況，應該會心想：「好啊，人生，你贏了。」

二〇二一年三月某日，她發現期刊邀稿的截稿日是三月下旬。她想刊登的計畫已經有資料了，所以她打算在星期五截稿日之前的那個週末寫完文章。她說：「我打算那個週末的星期六一整天工作，希望能寫完，接下來的一週只要修一下就好了。」不過，她決定在上班日規劃一些備用時段，「免得週末的進度不如預期」。

然後，星期五晚上來了，她老公覺得不舒服，一開始還算平常，接著症狀惡化，最後她帶他去急診，結果發現是嚴重的食物中毒。急診室的人對她說，凌晨三點左右再回來接他，但他一直到了星期六中午才能出院，也就是說，星期六（她在醫院和住家之間往返）和星期天（她照顧他）都不太有空寫文章。

另一半在醫院裡，確實是錯過截稿日的正當理由，反正還會有其他的邀稿機會。伊莉莎白心裡明白，卻也知道自己安排了一些備用時段。等她安心了，確定老公沒事了，就發現錯過截稿日其實並不是無可避免的結局。她說：「因為我在下一週安排了額外的時間，所以我異常平靜。」在這種靜謐的狀態下，她列出了自己需要做的事情。

星期一，小孩在學校上課時，她用了排好的備用時段。在星期四的時段，她完稿交出，比預定的行程提早了一天。

效率時間的規則五：安排備用時段具有強大的力量。正如伊莉莎白的體悟，凡是你真正希望落實的事情，都需要相等的「備案」。只要仔細思考，就會發現這個概念實用無比。

戶外活動的主辦單位往往會排定「雨天備案」，這表示他們承認很多地方會不出所料的出錯，從「雨備日」（rain date）的英文名稱就看得出來。至於被延期的活動會不會重排時間，或排到哪個時間，毋庸置疑，事情會排到正式的雨備日。因此，大家都知道，不能更動的事情就不該排在備用時段。雖然備用時段很有可能不會用到，但是只要有備用時段的存在，原本活動的落實機率就會大幅增加，就算不是在原本規劃的時間。

我研究人們的行程及其目標，發現生活中需要很多的雨備日。我們可以期望騰出空檔去做「重要卻不緊急」的事情，讓生活豐富起來。我們可以安排時間去健身房、練習中音薩克斯風，或寫部落格文章。不過，當生活忙碌起來，這樣的時間有可能被奪走，也許是工作危機所致，也許是生病所致，也許只是小孩提早醒來，不願被哄著睡回去。

碰到這些事情，很容易灰心。確實會灰心，但謹記以下這點會很有幫助：誰都能擬定完美的行程。時間管理大師都會擬定彈性的行程。時間管理大師不會誤以為生活很容易，他們在規劃時間上很有一套，就算事情沒按原定計畫走，還是會有所進展。這樣一來，生活就算辛苦，也會變得靜謐許多。

如何制定彈性的行程

要為重要的事情安排備用時段，一開始要想清楚，什麼是「重要的事情」。

我請效率時間的參與者思考，哪些事情對他們很重要，卻往往被行程排擠掉。也許是星期六早上跟朋友長跑的約定，卻因下雨或複雜的家庭行程，一直被取消。如果原本的時間行不通，還有哪個時間可以去？也許你打算在星期二下午研究某位新客戶，但有會議一定要開，還有哪個時間可以處理這個優先事項？也許你騰出時間，要在星期四處理業務計畫，但寶寶晚上醒了好幾次，讓你很難專心工作。你還是可以做一點事——有總比沒有好——不過，如果你需要額外的時間，而另一半同意星期六早上照顧寶寶，那麼就算覺得自己沒生產力，也會有更平靜的感覺。

好比戶外畢業典禮需要明確的雨備日，你生活中最重要的活動也需要明確的備用時段。

雖說如此，隨著優先事項越堆越多，要安排明確的備用時段，有可能難上加難。星期五做規劃的時候，對於下週結束前要做的所有事情，我們也不一定全都知道。所以這條規則有條務實的捷徑：**要養成習慣，把定期的空白時段排進行程裡**。這樣一來，一有優先事項需要更動，就有備用時段可以使用。

不一樣的人，空白時段的型態也會跟著不一樣。也許是每天下午的一個小時，也許是一星期當中的某個早晨。有些人會把事情排在早上，或許就會把空白時段排在下午的半個小時，強硬騰出起碼三十分鐘的空白時段（但我會建議以九十分鐘的空白時段為目標，這樣就有時間思考以下的安排：把早上的最後一個約排在早上十一點，下午的第一個約排在下午一點半。）早上的行程無可避免地被排擠掉的話，那麼下午的行程也不會像骨牌那樣連環倒下。

對於這條規則，我個人採取的做法是星期五排出空檔「先縝密計畫，再輕鬆計畫」，我覺得這種做法很可行。而效率時間的參與者有很多也表示，這個座右銘很有幫助。也就是說，當週最優先的幾件工作，要排在星期一和星期二的時間進行。在一週的開端，會覺得行程有點滿，但只要把下半週的行程排得更彈性些，就會達到平衡了。必做的事項和想做的事項，都應該在星期四結束前完成。這樣一來，星期五就是預設的備用時段，用來應付上半週冒出來的事情或沒做完的事情。為了實踐這條規則的意圖，請等到星期五當天，或等到完全確定自己不需要那段時間做別的事，再排星期五的事情。這樣要是有事出錯，就不用向下一週借時間，畢竟下一週肯定也有危機要面對。

其他人試過了這個星期五做法，也覺得很有用。效率時間參與者瑪姬．卡特（Maggie Carter）在行銷界工作，負責帶領十人的團隊。儘管管理階層通常會頻繁確認狀況，但她還是會特地把會議推到星期五以外的日子，讓星期五盡量排出空檔。

她說，星期五的時候，「感覺更有時間上的餘裕」。如果需要完成支出報表，就可以完成報表，此外還「可以追蹤貼文串」。她會從頭到尾讀完文章。她沒有每三十分鐘就撥打新通話的時候，腦海裡浮現誰，就打電話給誰。而在這個空白時段，她近來想到一位來賓，或許可以邀請對方來上她所屬機構的Podcast節目。

某個星期五，她決定分析當年的新客戶並整合為報表。她說：「假如沒有排出星期五下午的備用時段，肯定就不會有那樣的事。這段時間可以發揮創意並勾勒願景，用稍微更策略性的角度去觀看大局。」

在此應該強調，目標雖是把星期五排出空檔來，但這並不表示星期五要始終保持有空檔的狀態。為了鼓勵效率時間的參與者在行程中找出空白時段，我請他們思考一下：如果一週的情況很順利，不需要備用時段的話，那麼在這個空檔時間，他們可能會做什麼。在整個研究中，這個問題也許是大家最喜歡的問題。大家幻想著自己會去SPA水療，或甚至只是坐在最愛的椅子上獨享一杯咖啡，不受干擾。大家回答的時候，都露出了微笑。然後，備用時段不得不用來做別的事情，就不由得失望起來。就算備用時段的目的是為了做「別的事情」來避免危機發生，但真的用來做別的事情，還是免不了會失望。

所以我的看法如下：如果你幻想著做SPA水療或不受干擾喝杯咖啡，那麼請把這些事情排進生活裡。然後，也要安排備用時段。我保證這樣的安排會行得通的。只要習慣性地擬定彈性的行程，危機會減少，空檔會增加。然後，就能隨意運用這段空檔。

不可能做到完美，但一定會有所進展

把四個健身房時段排進行程，實際上是表示你很可能去健身房三次。如果目標是三次，那麼要是排了三個時段，做到兩次（或一次），就會覺得自己成功了，不會覺得自己很失敗。安排空白時段，就表示你更有可能完成待辦清單的事情。靜謐感就會因此而生。

然而，更深遠的目標其實是打造出的生活最起碼多少要能預防以下常見的感嘆：「突然有事。」

這句託辭到處冒出來，而且有很多的版本。塞車！Zoom連不上；Podcast節目的來賓一直打不進來；皮膚出現奇怪的疹子，一定要去急診一趟。

當然會有突然有事的狀況，生活向來不會一直順遂下去。有時，還真希望自己是活在別人的世界，那裡永遠不會塞車；小孩永遠找得到自己的鞋子；沒人會生任何一種病（遑論進急診室）；食譜說要花多久完成就會花多久完成；客戶永遠不會回頭提出額外的問題，不會說要現在立刻解決。有人可能會說，相信這些事情的人都很樂觀，但行程要是沒有意外之事發生，就表示老朋友永遠不會因為班機取消就來造訪一天，就表示你這週在會議上永遠碰不到夢想中的客戶，永遠不會獲邀去參觀客戶的總部。這些事情要安排在哪裡呢？我想大家多半都會找出時段，但那就表示有別的事情必須放下或提早完成。週復一週，年復一年，你一直打算要寫的業務計畫，最後就永遠不會去想了。

如果想像生活會很順利或起碼會按原定計畫走，那麼一有小事發生，無論好壞，都會妨礙目標。雖然替這樣的妨礙所找的理由好像很合理，但是「突然發生」的事情，還有人們自稱的正當理由，很多都是完全可以預料到的。

我很清楚，這番話聽來刺耳，但只要你假設之後會突然有事，並且排出空檔來應對，那麼行程引發的麻煩就比較不會影響到生活。你還是會保有自主力量，可以在目標上有所進展，並且做一些事情讓自己開心。如果你的助理說要辭職，你星期五有空可以開始瀏覽履歷，這樣就不用犧牲星期四下午的時段——那段時間是特地騰出來，要構思新的培訓計畫。兩件事你都有時間做。

這種做法創造出的平靜感，再怎麼誇大也不為過。這種平靜感就是伊莉莎白知道老公沒事，發現自己還是能準時交稿（甚至提早交！），從而產生的平靜感。該怎麼描繪這份靜謐呢？最好的比喻就是過著持有大筆銀行存款的生活。手機壞了嗎？別擔心，修不好就換了吧，今天下午想換就今天下午換。晚餐燒焦了，就訂披薩吧。小事失去了影響力，煩不到你了。

雖然人無法像累積資本那樣去累積時間，但是在行程中騰出空檔，這在心理上相當於坐擁大筆的應急資金。

我希望人人都享有富裕感。大家都應該做**時間富翁**，這個名詞是對應企業家瑞秋．羅傑斯（Rachel Rodgers）的個人理財書《大家都應該做大富翁》（*We Should All Be Millionaires*）書名。有了彈性的行程，在我們的眼裡，時間就是充足的，不是稀少的。

參與者觀點：找出障礙

對於這條規則，效率時間的參與者會比其他有些人還要更小心翼翼一點（有很大比例的人表示，這條規則「不適合我」或需要修改）。雖說如此，當我問起大家，上星期有沒有因為突然有別的事，不得不跳過某件有趣的事或重要的事不做？此時只有大約四分之一的人說，**沒有**發生這種情況。至於跳過事情不做的人，他們多半表示自己不得不跳過個人優先事項，例如運動、嗜好、家人相處的時間等。至於不得不跳過事業優先事項的人，則是列出了專注工作、學習經驗或長期計畫進度受到影響。有人寫道：「工作上的需求好像卡車那樣輾過一切。」還有人表示：「危機好像永無休止。」

我請大家想一下，哪些活動應該最能從備用時段中獲益？可以在哪裡安排這樣的備用時段？或者安排幾小時的空白時段？我請他們預測自己在安排備用時段時可能會遇到哪些難關，而得知了他們提出的理由，就會理解他們何以謹慎。

有人承認自己實際上會有「留白恐懼」（horror vacui），也就是會害怕空白的空間。雖然我對這個華麗的詞藻感到訝異（原來它是藝術領域的術語），但是我對這樣的衝動並不訝異。生活行程滿檔時，還要安排空檔時間，總會覺得不對勁。有人說，「要做的事情那麼多，時間卻那麼少」，所以「要完成所有事情並安排一些空白時段，感覺有點不切實際」。有人寫道：「在社會壓力下，不得不同意聚會邀約。如果嚴格來說沒別的事要做，卻要回絕邀約，感覺就是不對勁。」

如果四個星期以來，對方一直想跟你約見面，而你發現星期五早上有空，那就很難再度回絕對方。

不過，我認為你其實不是「沒有別的事要做」。空檔的存在有其意義，並不是輕率的放縱。這項研究的參與者沒有一個會在忙碌的一週利用備用時段打高爾夫球，所以工作也不會人手不足。

所謂的安排備用時段或空白時段，意思就是承認自己在一週的開端時，並不知道一週結束前所有需要或想要處理的工作。只要安排空檔來因應這些「已知的未知數」（known unknown，借用已故的唐納．倫斯斐（Donald Rumsfeld）提出的用語），那麼這些已知的未知數就不會取代你致力落實的其他事情。

我讀了森迪爾．穆蘭納珊（Sendhil Mullainathan）和埃爾達．夏菲爾（Eldar Shafir）合著的《匱乏經濟學》，發現有個例子很能用來闡述這種現象。這兩位教授提起密蘇里州的某家急性照護醫院，手術室預約率達到百分之百。只要有人需要緊急手術（在醫界並非罕見之事），院方就不得不取消其他早就排好的手術。醫生往往要等好幾個小時的時間，手術室才有空檔，有時還要在凌晨兩點開刀。對於拿手術刀的人來說，凌晨兩點實在不是理想的時間。

外部顧問提出以下的解決方案：留一間手術室不要排行程。對很多人來說，乍看之下這個辦法好像很荒唐，手術室都已經超額預約了，現在還要進一步降低預約率？不過，這種做法奏效了。

兩位作者寫道，表面上，院方缺少手術室，但是實際缺少的是因應緊急狀況的能力。在原本的規劃程序下，全部手術室都被佔滿了，無可避免又突如其來的手術導致行程要一直重新安排，「對成本甚至照護品質造成了嚴重後果」。只要一間手術室留給臨時的手術，其他的手術室就可以按照行程如常運作。整體而言，院方順利處理更多件手術，手術延期的情況也大幅減少。

參與者觀點：以創意方法克服難關

參與者領會到寬鬆具備的潛力，想出了一些創意方法，把一間空閒手術室的概念納入自己的行程中，除非真的很緊急，否則就不要把空檔時間給預定下來。一般來說，就是要對行事曆做一些明確的分類。

「在星期五規劃一週的行程，就不得不面對這星期答應要完成的所有事情，而我的行程一直看起來都滿檔。」有人寫道：「這樣一來，上班日突然有新的案子或工作，就比較容易說：『我這週已經滿了。』或『我是可以做，但起碼要等到下星期。』」

另一個人寫道，他把自己不主動參加的會議全都刪掉了。就像另一位參與者所說：「有些會議必須參加，但也有些會議是我自願參加，所以我可以不要自願參加那麼多會議！」

有個人竟然還把每一場會議記錄下來，為的就是減少開會的次數。

「這些會議顯然都記在我的行事曆裡，但我之所以想把這些會議都寫下來，是為了突顯開會的次數，並且找出誰能負責這些會議，不用由我負責，也許我可以每星期開一兩次會，不用每天開會。」這個人還發現：「我有九場的日會，每天都要開。那時，我太心煩了，連每週兩次以上的週會也不想費心寫下來，更何況是只開一次的會議。所以我這週花了一大段的預先規劃時間，仔細思考並毫不留情地面對哪些會議是我要參加的。」

有些人跟伊莉莎白一樣，最後會請托育人員多顧小孩幾個小時，或者請另一半或親人多顧幾小時。

安排空白時段的概念，不是人人都難以應用。有幾個人的工作時數有限，或已經退休，或獨居，他們說有空的時段還真不少。然而，對多數人來說，要回答「什麼時候」的問題，並不容易。然而，這個問題是值得一問的。

結果

儘管大致上態度謹慎，但大多數的參與者都在後續的調查問卷中表示，他們確實安排了備用時段，或在一週的行程納入了更多的空白時段。這樣做有其正向的作用，比如說，對時間感到焦慮的情況大幅減少：

- 「這樣有解脫的感覺，其他日子帶來的不必要的壓力感也消失了。」
- 「知道情況行不通的時候，還有個地方可以著力，也知道自己還是能把工作完成，這樣感覺很好。」
- 「每天依照待辦清單做事，不會覺得那麼忙亂。」

突然有事發生，就可以處理，連驚喜也可以處理。

「某個上班日，弟弟突然過來看我。」有人寫道：「因為我很清楚，下半週的行事曆已經排了空白時段，所以行程有更動，我不會擔心。」

有些人發現，這條創造更多餘裕的規則雖然看起來很簡單，卻讓他們睜開了眼睛，察知自己一直以來的生活有多麼緊繃——他們甚至沒體認到自己其實是時間的月光族，時間都花光了。有人寫道，別人打斷她的時候，她覺得沒那麼煩躁了。她表示：「有時會覺得太放鬆了，但大部分的時間，我都很有生產力。我經常壓力很大，也許太習慣壓力吧，所以才會把其他事情看成是反常的。」

這其實是心態上的轉變。所以如果你一直覺得緊張不安，而心目中重要卻不緊急的優先事項好像永遠做不到，或者每星期的尾聲都覺得比開端還要落後，那麼請試試看，把備用時段排進行程吧。效果很大，你也許會嚇一跳呢。

有位科學家參與了我的研究，如此寫道：「昨天，我都準備好要寫下來告訴你：安排空白時段對我沒用，只會讓我覺得浪費工作時間，因為我沒辦法盡量把每次的實驗都塞進每一分鐘裡頭。」可是接著情況有了變化，「昨天下班前，我發現自己對一些數據一直做了錯誤的分析，需要時間回頭修正過去幾個月的數據。幸好星期五下午安排了空白時段！」

這個人寫道，主要的成效是她在一週的尾聲能做完所有事情，不用加班工作。她能開心度過週末，享受迷人的春季天氣，不用為了之前犯下的過錯，努力追趕落後的進度。

只要安排備用時段，就能把事情做完，享受休息時間。真的就是這麼簡單。

採取下一步

擬定備用方案

只要安排了備用時段，無論生活中突然發生什麼事，就還是能朝目標邁進。不過，有時儘管費盡心力，還是達不到第一目標。當A選項消失時，如果有個合用的B選項，生活就會有完全不同的感覺。如果想要達到真正的靜謐，就要養成擬定備用方案的習慣。

在這樣的思維下，疫情的到來有如速成班，而在這一刻更是走運，因為此時實質可用的B選項多之又多。比如無法親自見面或慶祝，現在可以在線上進行。雖然實體和線上不太一樣，但是也不壞——沒有被困在芝加哥歐海爾國際機場的風險，而這樣的經驗，只要是二〇二〇年三月前擁有Zoom Pro帳號的人都可以作證。如果無法按計畫前往歐洲度假，也可以探索住家八十公里內的絕佳步道。你可以購買一堆保持社交距離的討糖扮裝活動的票券，這樣小孩就不會注意到自己沒玩「不給糖就搗蛋」。

全球正值復甦之際，若要把這套觀念應用在生活上，就表示要純粹就次佳的選項進行徹底的思考。擬定計畫時，要思考有沒有其他的做法或許會達到類似的成效，這樣一來，失望所帶來的不快感就會大幅減少。

在低風險的情況下，這樣做夠簡單了。當雨水害海邊野餐泡了湯，你不會無聊地吵著備案，而是已經同意去科學館了——而且大家也都很愛科學館，結果依然擁有探險和開心的回憶。

不過，真正的突破還是在於替高風險事物擬定備用方案，例如你的事業或教育。

比如說，你有沒有備用的工作計畫？也就是說，如果你再也無法或再也不想從事目前的工作，那麼你對於將來要做的工作，有沒有很好的想法？在職場上建立人脈，目標並不是收集名片，而是認識幾個不同公司但都會說這種話的人：「如果你想辭職，先打電話給我。」然後，如果你確實需要辭職或被迫離職，你會有選擇。這些選擇的存在，表示你可以冒更多的風險，還能針對你在A選項——目前的工作——會做與不做的事情，劃定更精確的界線，從而改善經驗。由此可見，建立事業上的關係，藉此造就出行程所需的韌性，會很值得。

大學招生過程也是同樣的情況。雖然大家有時會以輕蔑的口吻談論錄取率達八成以上的「安全學校」，但是知道自己絕對會獲得優良的教育，其實會很心安。也許是在這個學校，也許是在另一個學校，但總之會獲得優良的教育。

要是承認第一選項也許不會發生，那就不得不認真考慮其他選項，這樣最終會帶來靜謐感。如果知道自己會沒事的，而有時的情況也許會比「沒事」還要好上許多，這樣就可以不那麼依附在任何一連串的事件上。無論發生什麼事，你都保有主控權。人生終究是未知的，但無論如何，還是能充分活出自己的人生。

探究哪裡會順利

受夠了悲觀嗎？在此提出第二個訣竅。沒錯，時間管理大師習慣去探究哪裡會出錯，但去想像哪裡會非常**順利**，也會很有幫助，這樣就是做好了抓住良機的準備。

所以請騰出一些時間和備用時段吧！徹底想個清楚吧。如果你所屬公司的執行長聽說你工作表現優異，還提議讓你負責某個案子，你會怎麼回應呢？假如你在網路上隨意張貼的文章爆紅了，出版社和製作人都急著要跟你開會討論，那麼你會想用新的平台創造出什麼來呢？你從未見過的神秘姑婆去世了，她設立的基金會每年捐贈五千萬美金，要你負責管理，那麼你會想大方支持哪些目標呢？

我不是在說這種事情會發生——八九成是不會發生的——不過，如果你希望用基金會的基金譜出新的交響曲，那麼只要擁有這樣的洞察力，就會懂得更投入於現在的新樂壇。也許你在當地大學看見海報在找歌手試唱新的合唱曲，就想到了這份渴望。你不會只是走過就算了，你會把資訊寫下來，你會打電話報名，就這樣，你踏上了路途，邁向各種新的探險。

輪到你了

安排備用時段

● 規劃問題：

1. 回頭檢討過去一週的情況。你有沒有因為突然有別的事，不得不跳過某件有趣的事或重要的事？優先事項是什麼？發生了什麼事？
2. 留意接下來一週的情況。你在生活中的哪些片刻能安排至少兩小時的空白時段？先找出主要時段，再找出次要時段。
3. 哪些難關可能會導致你無法在生活中安排空白時段？
4. 你怎麼應對這些難關？
5. 如果生活過得很順利，你會怎麼利用空檔時間？

● 實踐問題：

1. 你把備用時段排進行程中的什麼時候？

2. 把空白時段排進行程以後，你看到自己的生活受到了哪些影響？
3. 實踐這個策略時，你面對了哪些難關？
4. 你怎麼應對這些難關？
5. 如果要更改這條規則，該怎麼做？
6. 你在生活中繼續應用這條規則的機率有多大？

規則六

一個大探險，一個小探險

只要記得時間去至何方，
就不會探問「時間都去哪裡了？」。

在心裡，某些日子會特別顯眼，記憶深刻。我多次想起了二〇〇六年六月末的某一日，當時我和老公麥可在永晝的挪威鄉間四處旅遊。此行多少是因為要拿此處當成我當時正在寫的懸疑小說的背景（你還沒讀過），但絕大部分的因素是興致使然。為了紀念夏季的開端，我們決定去挪威某條很熱門的步道走走。我們搭船抵達步道的起點，蜿蜒爬上一處適合拍照的岩脊，來到山巔，接著從山的背面，下至旅館。

雖然看起來容易，但我們還是帶上外套，還穿了長褲。我們開始攀登，山區天氣瞬息萬變，我沒想到天氣竟然變得那麼快。我體會到一點，在挪威人的眼裡，這趟健行是很普通的娛樂，但在美國人的眼裡，卻不是這樣。步道蜿蜒上至一處小而滑的岩層，寬度僅約一兩公尺，岩層兩側驟降三百公尺——我提過自己怕高嗎？

山在雲裡忽隱忽現，我一直盯著上面，努力不要往下看。我每一步都踩得穩當，希望步道的坡度很快就會緩和下來。步道的坡度確實平穩下來，但一抵達山巔，雨就化成了雪，一大堆的雪，道道地地的六月暴風雪。不久，我們迷路了，在寒冷的山頂雪原上，尋找著那些已完全消失的步道標記。

如今回首當年的冰冷夏日，我們顯然最後會得到另一面的體驗。那條步道十分熱門，每幾個小時就會有更多船隻抵達。要是下山的人數少於上山的人數，會有人注意到的。然而，在那個當下，被一片白茫包圍，迷失了方向，我滿腦子只覺得我們要永遠困在那裡了。

在暴風雪中迷路，感覺好像經過了幾百年，但也許實際不到半小時吧，最後我們發現了一群同樣迷路的挪威士兵，他們休假來健行。某位士兵帶了指南針，我們利用指南針設法跨越山巔，摸索出方位來。我們走到較為和緩的山坡，找了一陣子才找到步道標記。雲也散了，往下俯瞰，即是山谷，只要穿越了散布著岩石小花的亞寒帶草原，愉快漫步，就能抵達山谷。

那場暴風雪，我唯一留下的實質就是稍微凍僵的手指，事後刺痛了三天。

然而，緊抓岩石而後迷路在夏雪之中的那幾個小時，已刻印在我的回憶裡。這件事雖是多年以前，但細節我還是記得。昨天午餐到晚餐之間的這幾個小時，我都記不清楚，肯定也不會嵌進記憶裡，那樣的時間多半被拋在腦後。這般日常的時刻飛逝而過，但山巔上的那幾個小時卻是舉足輕重。

為什麼會這樣呢？

我覺得原因很明顯。隨著節拍器的穩定拍子，秒鐘滴滴答答往前邁進，但人們體驗時間的方式還是各有不同，端賴於我們是怎麼應對時間。這些差異會左右我們對時間所做的安排，而我們對時間所做的安排，是為了在更平常的情況下，讓時間變得更豐厚。

我研究時間觀念時得知了一點，任何形式的投入都會留下深刻的記憶。那樣已經夠合邏輯了。人腦很忙碌，什麼會促使我們遠離自滿，我們就只會緊抓著那個不放。有一點很有意思，大腦形成的記憶數量，會影響到我們感受到的時間流逝速度。大腦會意識到記憶的形成有大致的背景速度，假設兩個星期會形成六個記憶，若速度加快，在一定的時間單位內有更多的記憶形成，那就會覺得時間更長。所以前往異國他鄉旅遊的第一天，總覺得像是一個月，在全新的環境裡，大腦會不曉得自己需要知道什麼，所以會緊抓著一切不放，在午餐前打造出十二個記憶，因而導致時間的前進速度變慢。

從這種現象亦可得知，年紀變大以後，會感覺時間在加速前進。十幾歲到二十出頭，有很多新鮮事，比如：新學校、新城市、新工作、新情人。因為一切都是未知的，所以記憶形成的背景速度之快，是往後不會有的，記憶裡的時間因此顯得膨脹起來。

另一方面，人到中年，傾向於按表操課，記憶形成的背景速度可能會完全停滯下來，因為每一天都很像是前一天。上班日的每天早上都是同樣的混亂狀態，送小孩上校車，去上班，撐過多場會議，設法處理大量電子郵件，回家吃晚餐，洗澡，睡前時間，看電視。我們通常不會迷失在挪威的山巔上，卻也不會催促自己去冒有益的風險。

這番話聽來或許令人心灰意冷，卻用不著這樣。只要一走出青春的雪花玻璃球，安頓下來，就必須在生活中特地打造出正向的投入，這樣年復一年的時間才不會消失在記憶的坑洞裡，才不會只依照孩子身高的變化來量測自己度過的光陰。

幸好我們不用在夏至的暴風雪下健行，至於會讓人不假思索做出好選擇的那些例行事項，也不用放棄。只要設法把新奇的經驗帶到日復一日的生活就行了。新奇的經驗會創造回憶，回憶會導致時間膨脹。只要記得時間去至何方，就不會探問「時間都去哪裡了？」

此時就要講到**效率時間的規則三：一個大探險，一個小探險**。每星期的目標是：在行程中規劃一個大探險，還有一個小探險。這麼做了以後，整體的時間體驗就會產生變化，創造出回憶，還有持續的希望感。

怕有人抱怨說怎麼每週都要跋涉到另一塊大陸，在此先釐清一些定義：

- 「大探險」是指要花幾小時做的事情，就想成是週末其中一天的半天時間吧。
- 「小探險」可以只花一小時左右，適合午餐休息時間或上班日的晚上去做，只要是不平常的事情就算在內。

這兩種探險應該都要是你真心想做的事情，或起碼是你想完成的事情，兩者的區別會在本章後文探討。

舉例來說，我回頭查看自己的時間日誌，夏天某幾週的情況。我的大探險如下：全家人前往紐澤西州的海林市，享受海灘之旅（當然之後還要停下來吃冰淇淋）；跟老公一起去看費城人（**Philadelphia Phillies**）的球賽；帶年紀較大的孩子去一小時車程遠的果園摘桃子和藍莓；帶女兒去**Hershey Park**（好時巧克力主題樂園）。

小探險如下：午餐時間帶一個小孩出門去餐廳吃壽司；去玩滑水道；在費城美術館看見了用尼龍吊帶襪製作的、意想不到的雕塑系列；全家人一起去了一處從沒去過的花園散步。

我教導這條規則的這些年來，發現這條規則具有幾項益處。

1. 為了規劃每星期兩個探險，**我們必須規劃每星期的行程**。這樣一來，我們在第二章學到的每週規劃習慣就會獲得強化，還充分強調我們是規劃自己想做的事，不只是規劃我們需要做的事。

2. 這樣的習慣會在我們的心理景觀裡頭**定期注入期待感**。每星期規劃一個大探險和一個小探險的人，不會只等到休假再做好玩有趣的事情，每三到四天就有東西可以期待！

3. 我們開始明白，**即便是零碎時間也能創造回憶**。普通的星期二可以有所轉變，用不著整個人生都轉變。一個大探險加上一個小探險，週復一週的日子就會變得有趣，但又不會流於筋疲力盡或破產，現存的良好習慣也不會被動搖。每個週末都要去禱告嗎？很好，這樣還是可以從事半天的大探險。大部分的上班日，要跟不同的直屬部下一起吃午餐嗎？不錯，這樣某天下班後，傍晚還是可以去附近的雕塑花園看看。

一個大探險加上一個小探險，在這樣的組合下，時間有點像是主歌之間有音調變化的那種歌曲。帶來慰藉的旋律還是在那裡，只是你的意識會隨著音高一起上升。

參與者觀點：實踐的想法

我把這條規則告訴效率時間的參與者，然後請參與者想一下，下週可以做什麼大探險和小探險。如果參與者的行事曆上面已經有大探險或小探險，那麼我會請參與者記錄下來，方便參與者欣賞回味這些探險。這樣是特地把探險給放進回憶裡，不是任由探險飛逝而過。

大部分的人都會勇於嘗試。雖然少部分的人覺得自己的生活夠冒險了，但是一開始比較常碰到的障礙就是去確立該做什麼事。在忙碌的生活中，要想出一些探險，感覺好像待辦清單又多了一件事要做，更何況還要確定自己何時要去做，但這個問題的答案反倒是要列出更多的清單。如果一直以來都夢想著一些務實的探險，那麼當下就不用硬著頭皮想出來。

所以，下星期請騰出幾分鐘的時間，思考自己想做哪些事。如果已經擬了夢想一百清單（來自第二章），那麼清單裡應該會列出一些可行的探險，還有為期三週的斐濟之旅。請親友提供一些想法。我在自己的部落格（lauravanderkam.com）張貼了季節樂事清單，有大探險，也有小探險，用來紀念一年的各個時節。在冬季樂事清單，也許是在市區的戶外溜冰場溜冰，或者到鄰近的山坡上滑草。在新近的春季樂事清單，是拚蜂鳥圖案的一千片拼圖；前往紐澤西州的荷蘭嶺農場摘鬱金香；把美術館的三十張花卉圖拍成三十張相片。有些事情年復一年出現，但是一年做某件事大約一次，還是感覺像在探險一樣，而我越是去列這些清單，就越意識到哪些事情應該會讓生活變得更有意思一點。

幾位調查問卷受訪者利用當週的提示，開始列出自己的清單。「一無所知就規劃不了！」有個人是這麼寫的，「所以我查看了一些線上的行事曆，找出自己也許可以投入哪些事情與活動」。

還有人決定在每個月的月底騰出一些時間，找出下個月也許可以投入的事情。另外還有人寫說，會在電子手帳裡持續列清單。她寫道：「從現在起三個月後，還記得自己想做的某個活動，我覺得這很難做到，所以我已經把這個活動列在行事曆裡頭當成選項，希望這樣會有幫助。」

把心理空間貢獻在這個問題上，光是這個簡單的動作就會促使想法湧現出來。有人寫道：「每次我碰到某件事可當成潛在的探險，那件事往往就會刺激我的大腦出現另一個念頭，查詢相關想法的資訊。有時這些想法會不斷增加，結果我就有了好幾個選擇。」

二〇二一年春季，有些參與者還是要遵守疫情限制措施，因此這條規則的落實可說是難上加難。不穩定的天氣會導致探險變得掃興起來（就算其他參與者獲得幾分燦爛的春陽），而就像某位參與者所寫的，嬰幼兒在場的話，探險會變得「更像是工作，不像是樂事」。這最後的體會，我當然同意了。白天去海邊玩，有可能要先花一個多小時，把尿布、額外衣物、零食、毛巾放進行李，然後幫五個小孩擦防曬乳液，更不用說，全家人整段時間都不開心，自然而然抱怨起來。有時，你不由得納悶，為什麼要自找麻煩。

雖然本章後文會進一步探討「原因」，但要是能意識到**探險與其說是一種客觀的衡量標準，不如說是一種心態**，這樣想也會很有幫助。如果你的家人一想到要去新的義式冰淇淋店就開心不已，那麼就算別人對探險的標準是像維京人那樣在挪威峽灣四處航行，但對你的家人而言，去冰淇淋店就算是一趟探險了。當生活基於某個理由而受到限制，也許是因為疫情規定，也許是因為健康問題，也許是因為缺少資金或托育，總之我們可以純粹專注於可能實現的探險，別想著那些不可能實現的探險。

在有屋頂的門廊觀看雷電交加的暴風雨，就是一場探險。在後院哩，攀爬一棵從沒爬過的樹，就是一場探險。

在封城措施最嚴格的那段日子，我們還是可以探索鄰近的步道，所以我們每週的「大探險」通常是週末全家人一起去散步。我們試過了不同餐廳推出的美食佳餚。我聽了講述巴哈《B小調彌撒》的線上演講，還在Zoom上面舉杯慶祝朋友出書。有位參與者寫道：「我跟小孩在森林裡待了兩個小時，利用苔癬、樹枝、岩石，在一條小溪上，打造了一座橋。嗯，在封城期間，這就是大探險了。」

也可以把你**已經**在做的某件事重新打造成一場探險，或加以微調，提高新奇的元素。如果你經常跟某位朋友一起散步，請選擇一條新的路線，之後在新的咖啡館停留，把話給聊完。去雜貨店一趟，也可以是一場探險，只要把這趟行程轉變成家族競賽就行了（比如，誰可以先完成清單裡頭自己負責的部分？），或者中途再去一趟國際雜貨店或農夫市集。如果是在家工作，遲早是要休息的，那麼何不利用休息時間，去騎單車十五分鐘？有位參與者寫道：「我發覺現在不用花太多心力就能稍微逃離日常生活，比如在市區逛逛，吃冰淇淋，比如開車去附近的小鎮，看看新的公園，找間沒去過的餐廳外帶食物。」

擬定計畫，渴望就會化為現實

我的研究參與者的任務是規劃「一個大探險和一個小探險」，而在週復一週的生活中，他們投入各種美好的活動並且樂在其中。他們投入的活動如下：

- 種蘋果樹。
- 參加線上即興劇。
- 在聖週（Holy Week，復活節前一週）的禮拜儀式，擔任敘述者的角色。
- 購買溜滑梯並架設在後院。
- 憑空想出一個詳盡的愚人節玩笑。
- 冰淇淋店夏季開張的第一天，就帶小孩出門去吃冰淇淋。
- 晚上散步，去賞春天的花。
- 疫情開始後，就在遊樂場為孩子們安排了第一次的玩伴日。
- 為孩子和她的朋友，在戶外舉辦公主派對。
- 出差期間，某天日出時，在市裡的港灣散步。
- 去附近的城市，參觀雕塑公園。

- 開始跟朋友辦葡萄酒會，而根據這位參與者的說法，這是「沒有書的讀書會」。

有一位參與者甚至在這一週的研究期間結婚了——肯定很難忘——但顯然不是被這條規則啟發才結婚的！

婚禮但願是一生一次的事情。但有人寫道，就其他許多的探險來看，「這些活動在某種程度上並不是那麼偏離日常，理論上，就算沒『規劃』這些活動，我也會去做，但因為我做了規劃，所以我一定會去做。之後我覺得充實又開心。」

擬定計畫，渴望就會化為現實。從這番見解就會知道，雖然在疫情時代，很多景點依舊施行限制措施，但有些人還是能從中找到一線希望。以前，可以等星期六早上再決定當天早上去動物園，而且是想去就去，覺得麻煩就——往往——不去。疫情期間必須先預約時間，原本只是去動物園的籠統渴望，後來卻變成了標有行程時間的票券。這麼一來，成行的機率高多了。

大家肯定對自己的探險樂在其中，探險包含了事件本身、期待感、回顧。任何事件都含有這三大元素構成的情感經驗，只要懂得珍惜這類的經驗，事件本身的樂趣就會延續下去。有人規劃了一場慶祝活動後表示，「跟家人聊著派對的精采部分，很開心」，而有了這些共通的回憶，會覺得「派對持續得更久了」。

就連改進午餐休息時間，都多少具有改變人生的作用。有人寫道：「我從來沒想過，在上班日，單純的休息時間竟然可以那樣美好。」打算中午去附近的書店逛逛，自知午餐時間會在書店度過，那麼就算現實中的一整個早上有一大堆會議，但還是充滿期待和可能性。

參與者觀點：找出及克服難關

有一些難關。如果生活是一團混亂，那麼規劃事情就有不切實際之感。有人寫道：「在生存模式下，大探險會讓我覺得更氣餒。」

在忙碌的上班日，大家會納悶，哪裡找得出時間。要找出時間來，可能很有挑戰性，但工作往往會向外擴張，把有空的時段給填滿。如果你星期六花三小時探險，或星期三晚上花一小時探險，那麼你的電子郵件之後還是會在那裡。沒錯，我敢說，無論有沒有去探險，電子郵件還是會在那裡，數量不會有變化。家事和雜事也是同樣情況。最好去創造回憶，電子郵件和家事就圍繞著回憶來填滿行程。

還有個常見的難關，另一半或其他的家人有時會抗拒，也許是不願投入你提議的特定探險，也許是廣義的探險都不願投入。如果爸爸想帶全家人去健行欣賞秋葉，媽媽想要每個週末都待在家裡「什麼事都不做」，該怎麼落實呢？

說到規劃特定的探險，請務必把每位家人的想法都納入考量，這樣或許會有幫助。複合式探險（例如：新的遊樂場加上農夫市集，或者騎自行車加上餐館的南瓜鬆餅）可以把更多人的渴望納入行程裡。

意識到其他的成年人可以做他們想做的事，也是一種智慧。雖然他們不一定要參與，但是他們也不能強迫你「什麼也不做」。你就去探險吧，可以把年幼的小孩給帶去，也可以安排小孩跟玩伴玩或參加活動，然後你就享受自己的時光吧。當你創造並分享自己的美好回憶，有時別人會變得更感興趣。雖然他們渴望「什麼事也不做」，但那份渴望並不是什麼堅定不移的哲學立場，那份渴望跟籠統的疲憊比較有關係。如果是這樣的話，務必讓家裡的成年人全都有他們自己的修復時光（下一章會探討），這樣探險才不會像是從乾井裡汲水。

在此也建議要客觀：規劃週末的某個下午，等每個人都比賽完、練習完了，就進行為時三小時的大探險，這樣還是會有很多的空檔時間。星期五晚上六點到星期一早上六點之間，大約有三十六小時的清醒時間。就算有小孩的活動、宗教活動、其他事情，還是會有休息時間，問題就在於有多少休息時間罷了。

一個大探險加上一個小探險，就能營造出良好的平衡狀態。週末會有難忘的感覺，並遠離筋疲力盡的狀態。

如何克服自身的慣性

對我來說，最艱辛的難關並不是標準的運籌問題。大家都學會了購買限定時段的活動票券，還為了只有成年人參加的探險，預約了保姆。預算很緊的話，就去找免費的活動。有時，大家會想出一些探險，進行規劃，然後在那個當下，卻發現那些探險很難做到。

「慣性一直是個難關。」有人寫道：「不做事比做事還要容易。」

還有個人肩負著幾項可能相互衝突的工作責任，但是一等時候到了，卻屈服在「什麼也不做」的誘惑之下。「我是習慣的動物，很難脫離常態。」

還有人看到了渴望與執行之間的屏障，坦承說：「我們就待在家裡吧。」

我明白。你打算星期三晚上前往附近某處歷史悠久的地區，去很酷的美術社逛逛。不過，到了星期三晚上，你很累，有點餓；看起來應該會塞車，加上同事提醒你說，那一區歷史悠久，一直都很難停車，你覺得下班後直接開車回家，應該會輕鬆多了。星期六早上起床，你打算把幾輛單車架設在車子上，去某條風景優美的步道遊歷一番。那裡要開一小時的車，但是大家動作都不太快。前往步道要付出一番心力，更何況去嘗試從沒嘗試過的事物，要設法克服焦慮感。

二月的某個晚上，我跟自己之間就進行了這樣的對話。當時我買了票，打算帶年紀較大的孩子去市區的戶外溜冰場溜冰（這個活動列在我的冬季樂事清單裡頭）。那天，天一亮就下了很多的雪，而在我的票券時段，溜冰場是關閉的。溜冰場的管理人員保證，等雪停了，剷雪機開得過，那天晚上晚一點，有票就能進場。不過，當然了，那就表示我開車前往市區，要開過滑溜的道路。我不由得默默想著，要在覆蓋著雪堆的道路上路邊停車，要讓四個孩子穿上租來的溜冰鞋，還要想清楚我們該怎麼處理我們帶來的東西，這整件事感覺很麻煩。怎麼不乾脆替自己倒杯葡萄酒、看雜誌算了？我追蹤了一大堆極簡主義的 Instagram 帳號，那些帳號肯定會建議，這樣的晚上就是照顧自己的修復時光。我家既美好又溫暖。大家一整晚看 YouTube 也會心滿意足。

不過，我很清楚，那是內心現在正在經歷的自我在開口說話。當我們想到大腦裡遍布的自傳式的敘事，「自我」其實是三個自我：一，「期待的自我」，期待著去溜冰的自我；二，「經歷的自我」，會去溜冰的自我；三，「回憶的自我」（諾貝爾獎心理學家丹尼爾．康納曼（Daniel Kahneman）在研究中推廣的概念），會憐愛地回顧著那些孩子在冰上咻咻地溜來溜去的回憶。

在此可以看到緊繃的狀態。期待的自我會擔起「會帶孩子溜冰的酷媽」的身分；回憶的自我會享受著回憶；實際上就只有經歷的自我不得不從沙發上起身，被GPS誤導到溜冰場的停車場上方的公車站，笨手笨腳使用零錢兌換機，換到一些二十五美分的硬幣，租用置鞋櫃。這看起來是勞力分配不公。

不過，因為整個過程中很少有事情會不斷創造幸福感，所以要是放任經歷的自我所有的一時興起，那就是犯了錯。經歷的自我是三重唱的其中一位，不應該握有否決權。沒錯，一旦擊敗了最初的抗拒感，那麼經歷的自我或許也能樂在其中。

大家往往是因為溜冰好玩才去溜冰的。某件事要合乎探險的資格，就必須帶來快樂、令人驚嘆、富有意義，或者最起碼要為當事人打造出確實很美好的故事。這類的探險，還有喝葡萄酒看YouTube影片的尋常事，都值得在生活中體驗一番。

為了讓苦差事變得更做得到，我採用了最愛的心理手法：**想像自己是另一方**。

在抽象上，大腦會認為我們將來的自我會是陌生人。我們自然而然不那麼關心將來的需求，會比較關心目前的需求。不過，如果你主動想像將來的你，那麼這個傾向就會有所改變，你可以做出更好的決定。根據部分研究顯示，人們看見自己在將來年紀的模樣，就稍微更有可能存退休金。

不過，老實說，不用去看將來幾年後的情況，就可以更改決策的成規。我們以及事物的另一端之間，往往相隔不遠。我們說的時間單位是小時，不是年。紀律的精神就是認知到這輕微的不適感往往就是你要支付的小代價，這樣將來的你才會獲得好處。

早上鬧鐘一響，就把雙腳放在冰冷的地板上，這件事並不容易。不過，如果每兩天的早上就去跑一次步，而早上跑完步回來，一整天就精神飽滿，那麼將來的你很可能會體驗到同樣充沛的活力。你只是必須要想像自己在四十五分鐘後的樣子，或甚至在日出時跑步十五分鐘就體驗到跑者的愉悅感，然後靠著愉悅感撐下去。

我很清楚，紀律不是個有趣的概念，但是想像自己在另一端，這種技能其實有助於邁向快樂，而騰出時間做重要事情，是「一個大探險，一個小探險」規則的重點。要獲得快樂，往往要付出心力。第九章會回來談「費力的消遣」的概念，但是現在就只要記住一點，要創造回憶，就必須有新奇的經驗或投入其中。兩者會把我們推出舒適圈，也許會有一點焦慮不安。有很多事情會讓人覺得回頭去看，好像逃離了艱辛並過著豐富充實的生活，而如果放任輕微的不適感阻擋自己，我們就會跟這些事情切斷關係。

所以，在二月那個下著雪的晚上，我想像自己在另一端，踏上了溜冰的探險。我很清楚，幾小時後，我就會躺在溫暖的床上。等回到家，或許甚至會有時間喝杯葡萄酒、讀雜誌——只要我想做的話。時間不管怎樣都會流逝，時間一直都在流逝。不管你怎麼做，都無法阻止時間的流逝。我原本幾小時後可以去溜冰，或者原本也可以不去溜冰，但是等我鑽進棉被裡頭，也許會寧願擁有溜冰的回憶：冰與黑暗的天空映照出了溜冰場周圍的燈光。沒錯，那樣的晚上很耗費精力，但說真的，保留精力不用，是為了什麼？

如果想要做某件事，那麼做了以後，就很有可能會很快樂。對於探險本身的絕大部分過程，你或許也會樂在其中。

結果

效率時間參與者只要把探險給貫徹到底，絕對會有這樣的經驗。有個快樂的人寫道：「我們一定創造了回憶！」還有人說，「覺得生活更開闊了，跟家人的關係也更好了」，還覺得「更有精神，也沒那麼辛苦，可以在職場上應付即將到來且非常忙碌的一週」。

該項研究步入尾聲之際，還有研究結束的一個月後，參與者認為，就算「一個大探險，一個小探險」的規則極其難做到，但還是很有幫助。

對很多人來說，要落實這條規則的話，一週行程的規劃必須做出一些重大的改變。有人說：「我很宅，寧願待在家裡，結果有趣的事情都沒做。就算一個星期只有一個探險，我還是特地選出一些要做的事情，比如跟某位朋友去我們城裡的運河小路散步，去農夫市集買一些植物，去我們城裡的小聯盟棒球館看棒球賽。」

特地做出這些選擇，生活變得有意思多了。有位參與者把這個稱作是「我最愛的新習慣」，而在一個月後的後續追蹤，她寫道，就算只有一小段時間有空，她還是決定陪同成年不久、為某間法律事務所遠端工作的女兒前往波多黎各的聖胡安。這位母親表示：「我們星期三往南飛，星期天半夜我就回到家了，但是在中間的時間，我們排滿行程，參觀美術館和古蹟，坐在海灘上，去附近的教堂，搭乘渡輪前往另一處地點，欣賞佛朗明哥舞者，早餐吃冰淇淋，二十六歲的探險家會做的事情，我們全都做了！這是精采的回憶，也是值得學習的一課，只要規劃好了，就算是一小段的時間，也能從事大探險並獲得興奮感。生活因此變得更多采多姿又開心好玩，為平凡又尋常的日子注入一點興奮感與新奇感！」

當所有的生活都感覺一模一樣，就沒有什麼能夠區分這日和他日，但就算是小小的探險，也能撼動這種觀念。有人寫道：「把探險排進行程以後，我就有了時間感，知道『這週我做了這個和那個』，剛過的這幾週不會跟先前的幾週差不多。」還有人表示：「當我享受著這份樂趣，時間好像有點慢了下來。」

人們投入探險，對自己的看法甚至會隨之轉變。他們很有冒險精神！有人寫道：「時間彷彿延長了，內心的敘事有所變化。」也許生活不一定全都是辛苦的，也許成年的特色不是無聊地看著時鐘。有人把這種有意思的全新感覺給寫了出來，「覺得自己是會有消遣的那種人」。還有人接納了機會，去思考「在自己的生活中，在自己家人的行事曆中，安排時間來獲得喜悅，就像是自己也可以玩！

我的價值不是存在於我的工作之中！我理想中的生活，是很重要的！」

確實很重要。喜悅很重要，而我們身為打造行程的藝術大師，可以把喜悅編織成時間掛毯。這就是充分的理由了，該規劃每星期從事一個大探險和一個小探險，但隨著探險逐一累積，就會逐漸曉得這條規則的背後有著更深遠的理由。當你知道將來等著你的探險沒有數以千計，也有數以百計，此時生活就會發生變化。每天都感覺充滿可能性。而光是察覺到可能性的本身，胸襟就會隨之開放，勇於從事更多的探險。

有些參與者表示，開始覺得更有冒險精神以後，對於以前可能不合乎平日常規的一些事情，就開始點頭答應了。年紀較大的孩子說晚上想去游泳。如果游泳池開放，何不去游呢？晚上去游泳，就算只是坐在旁邊，看著青春期前的孩子四處划水，星期二的經歷就有所改變，而你凝視著外頭的夏季夜空、繁星，螢火蟲點綴著黑夜，彷彿小探險點綴著時間。

採取下一步

加上奇想

規劃每星期從事一個大探險和一個小探險，生活就不那麼辛苦了。然而，要點亮生活，這不是唯一的方法，很多人可以更開心地度過每天經歷的時間。

所以，等你適應了安排探險的節奏以後，試著加上另一個元素——每週的奇想。奇想是好玩古怪或奇特的行為，只要是有點傻氣又不平常的事情就算是奇想了。提出以下的問題：「有什麼東西可能會讓你露出微笑？」把這個目標記在心裡。

在我們家，我們時常為了慶祝很小的節日或捏造節日，製作形狀特殊和不同顏色的鬆餅：聖派翠克節，做綠色幸運草鬆餅；情人節，做紅色愛心鬆餅；初雪，做雪人鬆餅。節日通常很適合奇想。我們曾經去富蘭克林科技博物館朝聖，看情人節的巨大愛心。有時，我們會慶祝商人設立的食物節，比如國際格子鬆餅日或國家蝴蝶餅日。試試在網路上搜尋「食物節」，開始在行事曆上面標出你最愛的幾個食物節（國際巧克力火鍋日？）。也許會有事情是你可以做的，好讓你平日的活動變得稍微更難忘些。

可以為了家庭出遊，購買相同的T恤；可以印出傻氣的相片，放在辦公桌上，並且時常更換相片；可以在家庭辦公室的窗外擺個小玩意（花園小矮人的擺飾是奇想的象徵）；可以在家裡的某處，掛迪斯可球或一串燈泡；也許可以在離耶誕節還有很久的時候，就先擺放一小棵的長青樹；可以買一本成人著色書，上面有著奇想的圖案；可以把指甲塗成標新立異的顏色，而如果不想把這麼個人的色彩展現給世人看，可以塗腳指甲；可以用蠟筆在自家的私人車道上畫出有趣的圖案，比如有位參與者就回報說，他用粉筆畫出了超大的「溜滑梯與爬梯子」（Chutes and Ladders）桌遊圖；可以在休息的時候吹泡泡。

這些事情當然沒一件能夠改變生活，話雖如此，情況有變的時候，只要看見自己喜歡的東西，就能從日常生活中往往會出現的漫不經心的狀態裡脫離出來。

雖然時間一小時復一小時不斷地邁向過去，但是在路途上呼嘯而過的時候，最起碼會懷抱著一點奇想。

輪到你了

一個大探險，一個小探險

● 規劃問題：

1. 你下個月想試試看的「大探險」（約耗時幾小時）是什麼？至少列出三個大冒險。
2. 你下個月想試試看的「小探險」（約耗時一小時）是什麼？至少列出三個小冒險。
3. 想想過去一週的情況。你有沒有做任何或大或小的探險？是哪些冒險？
4. 你下一週想要做的大探險是什麼？也許你已經規劃了一項探險，若是如此，請描寫該項探險，或描述你對另外的探險有何想法。
5. 你何時會體驗這項大探險？
6. 你下一週想要做的小探險是什麼？
7. 你何時會體驗這項小探險？

8. 哪些阻礙可能會導致你無法探險？
9. 你怎麼應對這些難關？

● 實踐問題：

1. 你這星期體驗到哪項或哪些大探險？
2. 你這星期體驗到哪項或哪些小探險？
3. 你做了不平常的事情以後，看到生活受到哪些影響？
4. 實踐本週策略時，你面對了哪些難關（若有難關的話）？有沒有什麼會讓你很難把探險安排到生活中，或很難去落實你安排的探險？
5. 你怎麼應對這些難關？
6. 如果你更改了這條規則，你是怎麼做的？
7. 你在生活中繼續應用這條規則的機率有多大？

規則七

打造自己專屬的一夜

努力尋開心，意味著會開心。

漢娜・博根斯伯格（Hannah Bogensberger）的生活非常忙碌。她是全職軟體工程師，在西雅圖工作。她有三個孩子。二〇二一年初，我針對效率時間計畫跟她討論行程時，她的孩子都還未滿六歲。她老公是加護病房的護理師，不管什麼時候，都不算是壓力低的工作，幾次的疫情高峰期，壓力尤其大。

由此看來，應該是沒有時間尋開心了。然而，漢娜跟我說，每逢星期二，下班後會快速吃個晚餐，然後開五分鐘的車，前往附近的室內網球場跟兩個妹妹會合。兩個妹妹都出現了，就有了責任——她一定要現身——三個人花一小時打網球、聊天。

其實是很簡單的事情，路程三公里左右。她回到家，還有時間「刷牙盥洗、禱告，做整套的睡前儀式」。然而，她很清楚，這一夜是完全屬於她的，這個晚上有別於她的工作責任與家庭責任，她對行程的看法因此有所改變，她變得更放鬆，大致上也更開心地度過時間。

「我沒有很厲害，但打網球很開心，是我期待的事情。」她這麼說。

體能活動通常會帶來很好的感覺，跟從小就認識的人一起笑，也會有很好的感覺。此外，「在活動期間，你非常專心，不會去想待辦清單和生活中的其他壓力。」沒錯，第一次進入網球靜謐狀態，回到家的時候，老公對她說：「你看起來容光煥發。」

以星期二來說，不太壞，對吧？

我最近很常在想漢娜對星期二的描述，並不是因為平常星期二晚上的網球賽是多麼驚天動地的概念，而是因為大家每星期都有一百六十八個小時，當中的九十分鐘帶來的快樂回報竟然是如此豐盛。

漢娜的興趣也很容易做到。她和妹妹在公立網球場打球。她可以跟老公輪流照顧小孩，也可以請鄰居或親人照顧。沒人可以幫忙顧的話，雇用附近的青少年，星期二顧小孩一個半小時，對於大部分閱讀本書的人來說，應該不會太貴。

所以，考量到強烈的期待感和比賽後的陶醉感，以下的問題因此而生：「為什麼以前她不去做？」不是每個人都喜歡網球，不是每個人都住在兄弟姊妹家附近，但是更廣泛來說，為什麼沒有更多的成年人，每週花一、兩個小時投入到他們真正覺得有趣的事情？

箇中原因我很清楚，多年忙碌，肯定很容易放棄嗜好和個人的熱忱。有時，大家會騰出空檔，投入到一些可以變通的興趣，例如閱讀、手工藝、獨自運動，那樣也很好。不過，出門去做某件事，還要跟別人一起做，並在特定時間見面，似乎是截然不同的事情。有一堆的籌畫事宜要考量才行。此外，別人也有行程，而且如果我們不去主動掌控事情，還會有混亂會不會隨之發生的問題，生活本來就已經夠複雜了。

漢娜也想過這個問題。以前，她考慮過要把一些排好的消遣給排進生活中，但就是覺得時機不合適，或者她覺得把一件額外的事情加進行程裡，太過麻煩。確實，就算是想清楚自己可能會覺得哪件事有趣到可以每週做，這樣就已經要付出適度的心力。網球場很近，回想起來也許很明顯吧，但是自從幾十年前參加過二軍網球隊以後，她就沒打過網球了。此外，在忙得要命的星期二，她的妹妹才不會奇蹟般地現身。漢娜想要享受生活，需要一項務實又直接了當的策略，促使她去實現這件事。

幸好，她報名了效率時間計畫。**效率時間的規則七：打造自己專屬的一夜**正是她需要的推力。

成家立業雖是有意義的活動，卻要耗費大量精力。為了做到最好，我們需要充電時間，遠離這些責任。有些事情會激發個人的內在活力，而我們需要時間去做這些事情。

所以，每星期請挑一個晚上（或幾個小時），放下家庭責任與工作責任，去做某件會讓生活有意義又有趣的事情。

這一個晚上或週末的時段可以隨意度過，但最好是投入某個活動，例如加入壘球隊打球，參加社區的劇團，或者像漢娜那樣，基於特定的目的，定期跟特定的人聚會。你答應了別人，就有了責任。就算生活忙碌，你還是有理由得去。理論上，這個活動是發生在每週的相同時間，所以不用一直規劃。這段時間可以正式成為「你的時間」。你不用得到許可，也不用避開別人的行程。只要是星期二，你就要去打網球賽。你可以期待這樣的興趣，而且你也清楚，打完球賽就會容光煥發地回到家。

這條規則帶來的回報，再怎麼誇大也不為過。休息一個晚上，一週的節奏就會隨之改變。如果休息夜是星期二（假設你選定的時間是星期二），那麼大略做星期一晚上的睡前儀式時，就會獲得更靜謐的感覺，因為你知道這個小休假就要來了。星期二上班時，你掌控好自身的心力，這樣晚上就還有充分的心力可運用。你全面考量了潛在的問題和可能的解決方法，這樣就不會為了其實不太充分的理由而不去兌現承諾。然後，投入消遣的期間，就可以只專注於自己在做的事情上。理論上，家庭裡或工作上的苦惱都會因此減少，從心力耗盡的狀態轉成了背景噪音，至少有一小段時間是這樣。

為什麼大家都需要休息一晚

我之所以制定這條規則，是因為我見識到這條規則對我自己的生活帶來的改變，這樣的改變跟漢娜容光煥發的狀態，沒有什麼不同。

我喜歡唱歌。所以習慣去尋找住處附近有沒有社區合唱團。二〇〇二年，搬到紐約市以後，我加入了三個合唱團，這樣每星期至少有三個晚上，那個在家工作的自我就會打扮得人模人樣踏出家門。

結婚成家以後，就減少到只參加一個合唱團——紐約青年合唱團（Young New Yorkers' Chorus），我們每星期二晚上聚會。第一個寶寶出生後兩週，我還是參加音樂會唱歌。第二個寶寶出生後，我還是一直去練唱，可以想見，同團會去酒吧的一些年輕歌者會有多訝異。不過有了第二個寶寶以後，體悟到家裡有小孩要照顧，老公長時間工作還要出差，所以我很需要這段離開家門的時間。四年期間，星期二向來是我的「休息」夜。

後來我們離開紐約市，搬到賓州郊區，我沒有立刻去找個合唱團加入。我改做其他的事情來度過休息夜，比如每星期有一個晚上在附近的圖書館寫小說。不過，我想念唱歌的感覺，想念每星期的投入。之後我們加入了教會，合唱團的水準聽起來比一般的教會合唱團還要高了一些。於是我開始去星期四晚上的練唱。就這樣，星期四的晚上，我都在做這件有挑戰性的事情，不是在做工作，也不是擔任母職，是截然不同的事情。

每當我談起參加合唱團唱歌，建議別人休息一個晚上，去做其他類似的事情，別人都會提出無數的理由說辦不到。對於這些理由，我一直很好奇。拿小孩當藉口是很方便，但不一定是這樣。我有五個小孩，我要工作，我老公也要工作。去練唱並不容易。不過，練唱這件事對我來說非常重要，我期盼家人給予支持。小孩從事空手道、棒球等活動，媽媽參加合唱團。我把練唱放進活動的試算表裡，跟小孩的興趣並列。我要練唱，而老公沒辦法顧小孩的時候，我們就安排托育服務。

在我看來，凡是為我的生活帶來喜悅的事物，都值得成為家庭理財的優先事項。為你的生活帶來喜悅的事物，也值得成為你家的優先事項。

不管怎樣，要做選擇的話，就算永遠都要開著老爺車去練唱，我也會很開心。我沒有全勤參加，卻也曾經在外地演講，提早搭機回來，方便星期四晚上準時練唱。被工作淹沒的時候，我會在其他的晚上工作到很晚。投入有趣的事情，就有理由至少每週一夜停下工作。我跟別人聊起他們在社群裡及個人方面要投入的事情，結果發現很多同事就算最初會抱怨，但心裡其實都很期待。

現在，這條規則的「一夜」部分，不用非得是字面意義的晚上。如果想在星期六早上當線上數學家教志工，或者星期天跟某位朋友騎單車四十公里，這樣也可以，只要家裡的成人都有同等的機會，可以去從事他們選擇的活動。

另外還要提到一點，這條規則跟很多其他的效率時間規則並不相同，可能很難立刻實踐。就算你知道自己很想再次在樂團裡拉小提琴，但當地的社區管弦樂團也許明天並沒有徵選。不過，還是可以一小步一小步跨出去。還沒排定徵選的時候，可以騰出一小時，練習拉小提琴，或去報名上課。

騰出時間給自己，就是在提醒自己，在工作責任與家庭責任以外，還有另外的身分。你是有魅力又有才華的人，你會騰出空檔去做重要的事情，這樣就會更開心、更平衡地度過時間，生活也會不那麼步履維艱。

參與者觀點：怎麼找出讓你容光煥發的事物

介紹了這條規則後，我問效率時間的參與者，他們在生活中有沒有定期從事一些消遣活動。有部分的人們已經做了，比如參加讀書會、聖經研究團體、定期的健身課或跑步團體、志願的演出，或定期跟朋友聚會。

「每個星期四的晚上，我會跟兩位好友聚會，看電影，相互支持鼓勵。我們大一的時候就開始這麼做了，到現在已經做了二十年！」某個人說。

有些人沒有這類活動可投入，或者會不定期地或沒那麼頻繁地投入有趣的活動（例如一個月一次的讀書會），那我會請他們想想，他們應該可以另外安排什麼活動。

有些人隨時準備好回答問題（例如，某個人一直想參加靈性小組），有些人很難回答問題：

- 「我不確定。透過這份調查問卷過程，我體會到一點，我需要更深入思考哪些活動可能很有趣。」
- 「我真的不知道，也許這正是問題的關鍵。關鍵在於要做什麼，不在於什麼時候去做！」
- 「休息一晚，而且不是為了工作，光是理解這點就很難。」

人們在腦力激盪、提出想法時，提出的答案往往會變成東拉西扯的清單：

「腦海裡想到的第一件事，就是實體的芭蕾提斯（barre）課程，我比較想在早上做，不想在晚上做。加入編織團體會很有趣，我真的很想趕快回去划船，我從一九九九年就開始划船，當中只休息了幾次，但到了二〇一八年，懷了小孩，就沒去划了。」

當人們覺得自己夠忙了，往往就不去思考自己想做什麼事來度過時間，也就是說，這個問題會讓人覺得很難回答。列出所有可能的答案，並回想自己在高中時、大學時、剛成年時從事的課外活動，會很值得的，當中有些選擇也許現在可以試試看。你可以四處看看，做一些研究，詢問朋友。你可以試試看不同的事情，例如：為期四週的成人體操課，看自己喜不喜歡；做一次志願工作，看自己覺得長期成為組織的一員有沒有價值。不用匆忙下決定，而且無論如何，也不用長久去做。

如果你給自己六個月的時間，以便習慣固定去做新的事情，那這樣應該就能找到你想做的事。也可以現在直接開始投入某件事。我樂於在此表示，有幾個新的讀書會和定期的朋友社交活動（好比漢娜的網球賽），是多虧了效率時間計畫才有的！

興趣不需要有彈性

大家在思考這個問題的時候，有不少人提出的想法並沒有具體的時間，或者是可以在家中實踐的。大家提到的活動有跟著影片做瑜伽、泡泡浴等。有人想像著自己看了節目，「就算不做家事也不會覺得內疚」。有人想要花時間讓家裡變得舒適。有些人提到烘焙、刺繡或獨處：「我想要一邊吃晚餐，一邊看Netflix，身邊沒有小孩！」

這些全都是愉快度過幾小時的方式。短期來說絕對有用，可以放下工作和家庭的需求，暫時休息一下。調查問卷期間的單親家長以及經歷疫情封城的人們，會希望自己的興趣更方便做到，背後有其務實的理由。

有人認為，做家長的人，還有為事業勞心勞力的人，興趣都要有彈性才行。不過，我持反對意見，興趣其實不用有彈性。每週四都要出現在特定的地點，晚上七點準時開始練唱，哪有什麼彈性可言，但是**我不在乎**。彈性的興趣有個問題，如果你的興趣有彈性，那別人可能就不會希望你去做別的事。你晚上可以休息，只要工作不忙的話。你晚上可以休息，只要你的配偶不用工作到很晚的話。你晚上可以休息，只要你的小孩不用另外練習足球的話，或不用你載她去購物中心的話。你有什麼理由可以反駁呢？你隨時都可以看影片做瑜伽啊，你的浴缸又不會跑去別的地方，所以你其實是把自己的一夜移交給監護責任。

這樣討價還價會有問題，可能會「隨時」發生的事情，反倒往往會隨時發生。或者，反正你並不知道事情何時會發生，所以也沒辦法輕易期待事情的發生。你沒辦法掌控好自身的心力來促使事情發生，也就是說，你有時間的時候，並沒有打開瑜伽影片，反而打開HGTV電視頻道。

另一方面，如果你參加的弦樂四重奏是每週二晚上七點半練習，那你就會把這個練習時間排進行程。別人（最後）也預期你會去練習。你星期一幫同事代班，所以同事星期二幫你代班。你把一週的行程安排好，若有事情的最後期限是星期三，那麼你星期二晚上六點前就會處理完畢。你的配偶很清楚，當她安排星期二的晚餐要處理工作，就表示她必須安排必要的托育服務（如果平常是你負責預約托育服務，她必須提前告知你，需要預約托育服務）。而總是希望你載她去購物中心的那個小孩也會知道，星期二晚上七點不該提出接送要求，因為答案會是否定的。有位效率時間的參與者寫道：「我明白了，只要排定一個時段，其他事情就會自然排開、配合。所以不要試著先清除其他事情、再排定該項活動，應該是先排定一個時段，這樣其他事情就會自然排開。」

參與者觀點：克服運籌難關

決定了打造自己專屬的一夜，接著可以運用幾項策略來信守承諾，就算有年幼的孩子或忙碌的工作行程（或兩者都有），也辦得到。

1.輪流擔起責任。

如果是兩位家長的家庭，有年幼的孩子要照顧，那麼要落實這條規則，最務實的做法就是一位家長擔起照顧責任，讓另一位家長可以休息一個晚上。而要讓你的另一半贊同這個想法，提出有明確交換條件的提案，或許是最佳的方式。

「我跟另一半都同意，我們倆都應該各有自己專屬的一夜，分別去做有趣的事情。他星期三晚上休息，跟他的好友去騎自行車；我星期四休息，去練跆拳道。」有人如此表示：「我們把這兩件事放進行事曆，也都很清楚，除非絕對有必要，否則那兩個時段不要排其他事情。如果專屬的時段確實需要安排其他事情，那我們會確保安排另一個晚上作為專屬時段。」

有人的另一半是每週一都要去合唱團練唱，這個人表示：「我們倆每週都分別有活動要投入，這樣很有幫助。我們也因此很尊重對方的行程，彼此都要負責去做一件會讓我們的生活變得更充實豐富的事情。」直接的權衡取捨不僅公平，也很聰明，因為只要雙方都覺得自己獲得對方的支持，逐漸成為最好的自己，那麼長期的關係就會變得更令人滿意。此外，只要雙方都有真正的休息，每個人都會變得更快樂。

不可否認，不是每個人的家庭都是這樣，也不是每個人的另一半都同樣認同這條規則。有個人的另一半很宅，這個人表示，兩人都同意彼此都各有自己專屬的時段；如果很宅的那位想在住家周圍投入個人的活動，那就這樣吧。（要發揮這條規則的精神，照顧小孩的那一方就要在指定的時段帶小孩出門，這樣很宅的那位就可以享受寧靜。）

2.雇用幫手。

雖說雙方協調是最簡單的做法，但另一半的工作行程要是十分忙碌或難以預料，那麼次佳的選擇就是在專屬自己的那一夜，雇用固定的托育人員，而這是做出承諾的另一個理由。如果事情是可以彈性處理的，那麼大家多半不願費事安排托育服務。請先假設另一半不會在那裡，然後做出合適的安排吧。

有幾位研究參與者認為這樣的選擇有內疚的意味，但在此要說清楚，在有兩位家長的家庭裡，托育責任預設就是兩人各分擔一半。如果另一半沒空分擔，那麼雇用托育人員一個晚上，並不是把你的責任外包出去，而是把另一半的責任外包出去。如果另一半沒有分擔也不會內疚，那你也不應該內疚！托育服務需要錢，但要再說一遍，如果工作上的要求導致另一半無法跟你共同分擔托育責任，那麼另一半應該要從工作中獲得適度的補償。此外，你的通情達理也值得獲得一些補償。

如果工作行程難以預料或十分忙碌的人是你呢？鼓勵另一半享有專屬他或她自己的一夜，並做好托育的安排。然後，想清楚自己何時應該可以享有幾小時的專屬時段。如果不確定上班日的晚上做不做得到，那就考慮週末的早上吧。（如果你一整週都在外奔波，那就選星期天早上，不要選星期六，因為另一半肯定會希望星期六早上由你負責照顧——除非你在這個時段也安排了固定的托育服務。）

3. 在難以預料之中，找出可預料的。

我很清楚，有些工作不太適合上班日從事活動。工作合約條件是這樣，可以理解。不過，某些有創意的合作方式可以改變那種情況。

萊絲莉・普羅（Leslie Perlow）的著作《與智慧型手機共枕》（*Sleeping with Your Smartphone*）提出了「可預期的休息時間」概念，而我很早就對這個概念很感興趣。有一家顧問公司實施的策略是讓團隊的每位成員都事先規劃一個晚上專門用來休息，客戶關係、電子郵件、電話，一律不處理。在某個程度上，這樣好像很奇怪。星期一到星期四，顧問通常都待在客戶的所在地點，那麼顧問應該怎麼做呢？坐在旅館房間嗎？不過，這個計畫還是有正面的效應。在客戶所在城市可以找到健身房，去上固定星期二晚上的飛輪課；可以定期打電話給朋友；可以找到任何一件事去投入，例如固定星期二晚上的表演或晚禱。投入這類事情，生活就更能長久維持一定水準，好過於整個晚上都在看收件匣。

普羅提出的概念是很好，卻沒有熱門起來。不過，我要表示，某些工作「難以預料」的一面也許在一定程度上是可以預料的。某位效率時間的參與者的班表很不一定，沒辦法要求每週都在星期幾的晚上休息（這樣會「激怒同事」）。然而，這個組織在兩個月前就事先排好班表，這樣就應該可以查看並得知星期幾的晚上最常有空，然後在那個時段找一個活動或課堂。這個人寫道：「我很清楚，我不會每堂課都去上，但那樣也沒關係。」這還是值得一試。

4. 利用社群的支援。

單親家長要休息一個晚上，面對的難關更多，畢竟通常都是這樣，但既然如此，通情達理的好處甚至顯得更為重要。只要有一個晚上（或星期六的幾個小時）的托育服務，身心俱疲的狀態就會轉變為可以長久持續的狀態。沒有托育服務的話，可以請朋友、鄰居或親人幫忙照顧小孩，也可以找出哪些活動可以協助你的情況。有些健身房會提供托育服務。在家長參加的宗教活動舉辦期間，有些宗教場所也會提供托育服務。小孩在忙活動的時候，你或許也可以找到自己有興趣的事情。你女兒上芭蕾課的時候，你可以去上美術課。

有位新進的網球選手寫道：「我兒子的上課時段，有成人新手課，所以我決定了，我去報名，不會造成別人不便！帶兒子去上網球課，通常是由我負責，所以兒子上課的時候，我沒有在停車場繞圈走路，也沒有滑手機，我也是在學東西！」

小孩可以從事的活動有一百萬種吧，所以你引導小孩選出的那些活動，也要能讓你接觸到有趣的機會。

參與者觀點：克服情緒難關

除了實踐這條規則時會碰到一些實際的難關外，有幾個人一想到生活中又多了「事情」就生起氣來。有個人寫道：「在休閒時間，我不想享有固定的活動。」而別人則是不想「多一件事」。

有人說，大家已經承擔了太多的事情，需要更常說「不」才對，這個說法很流行。雖然這個說法有時是對的，但是大家之所以覺得自己承擔太多的事情，通常是因為行事曆塞滿了一堆不想做的事情。在我看來，你應該盡量從行程中把不想承擔的事情給清掉。雖然也許沒辦法明天就逃離這些責任，但是只要有決心，六個月後或許能減少投入的程度。

我不希望有人感到耗盡心力或疲憊不勘。在這條規則下，我說的是那些真正會讓你精神振奮的事情。你想要擁有容光煥發的感覺，好比漢娜每週打完網球賽後那樣，好比我把普朗克某首不好演奏的曲子演奏得精湛那樣。在我看來，在這廣闊無邊的世界，只要給自己六個月的時間好好思考，就會找到什麼的。就讓你的活力成為你的嚮導吧。若感到心力枯竭，就表示走錯了方向。如果每次一想到星期二的活動即將到來，精神就變得更為振奮，就表示走對了路。

不管怎樣，每週從事的活動多半不會占用大量時間。就算擔心自己會疲憊，但只要體悟到耗時不久，就能對抗這份擔憂。漢娜每星期會花一個半小時左右打網球賽。如果為了晚上七點的練習，在晚上六點四十五分出門，在晚上九點十五分回到家，那就是一週一百六十八個小時當中的兩個半小時。

參與者敢在工作和家庭外投入興趣，此時往往擔心自己會感到內疚，但看到這些數字以後，或可減輕內疚感。

有位教授寫道：「一週有兩個晚上，我不得不工作到很晚，從很遠的校園通勤一小時，此時我通常很想看兒子。因為我沒花時間陪他，感到內疚，所以不想為了『獨處時光』，再錯過一個跟他共度的晚上。」然而，這個人還寫道，「我很清楚，根據時間紀錄，我陪兒子的時間確實比大多數職業婦女陪小孩的時間還要多，所以我需要克服媽媽的內疚感」，同時「在工作上畫下更明確的界線」也是有可能做到的。

在此要說，對於生活中的其他事情，你可以稍微放下。有人在說明這條規則可能行不通的原因時，描述了每週安排的家事行程：「星期一清廚房，星期二洗衣服，星期三清掃車庫等，所以要是休息一個晚上，那就沒按行程走了。」我還是很困惑，如果清掃車庫晚上提早一點做，或者沒有做的話，那會引發哪種災難呢？如果你是這麼想的話，請試著想出一個你很喜愛的活動，喜愛到你不會在乎車庫有點亂。

我很想放下不必要的內疚感，但有些人非常堅定認為這條規則永遠行不通，而我在探索這些人提出的答案時，碰到的東西比常見的自責還要更為有害：**有些人堅信，家人或職場沒了他們，就運作不了**。

在這種想法下，人們會哀嘆沒有自己的時間，但要是強烈要求對方說出原因，真正的原因很快就會變得明顯起來。

有個效率時間的參與者哀嘆說：「一個晚上休息享樂，回到家還要面對水槽裡堆滿的髒碗盤，有什麼意義？」還有些人說，幾個年幼的小孩到了就寢時間，另一半卻應付不了。或者找不到負責任的托育人員。

換成職場的版本，就是缺勤的時候，沒有助理夠格替某個人講話，無法信任同事應對那位客戶，而且現在就是雇不到好員工。

確實沒有人是完美的，但是基本上，前述事情的底下，隱藏著傲慢或恐懼，其實就是一枚硬幣的兩面。人會緊抓著以下的想法不放：「**我做的事情，只有我會做。要是沒有我，一切都會分崩離析。**」而恐懼版的想法是：「**如果我認為事情有可能不會分崩離析，那麼我的意義在哪裡？**」

如果我們做的事情不考慮在內，那麼我們所有人的意義在於人類具有天賦價值。這樣很走運，畢竟「沒有我們，一切都會分崩離析」的想法，普遍來說是錯誤的想法。我們全都是有些事情會做得特別好，但我們不在的時候，世界還是會繼續轉動。如果家人、同事、朋友不得不做的話，就會摸索出做法的。

對於乏味的情況，肯定是這樣。小孩最後都會睡著的。髒碗盤會洗乾淨的，或者也可以用紙碗盤吃東西。同事會弄清楚你做的事情，或者同事就去做別的事情。我認為，在更富挑戰性的情況下，也必須要是這樣。

效率時間的參與者有幾位在照顧著病況複雜的家人。連續性的照護十分重要，但這也是安全的問題，另一個人的幸福感不完全仰賴於某個有可能生病或發生更嚴重事情的人。如果你徹底消失的時候，你的家族和社群會摸索出做法來，那麼也許你可以想出一套辦法，讓你星期二晚上有兩小時可以休息。

願意把「沒有我，大家就運作不下去」的說法給放下，就會獲得解脫。如果是新手，就去探索哪些有趣的消遣需要自己現身投入，而這正是這條規則的基本要點。更大的重點是在於意識到別人可以大幅增強你的能力。你的另一半做事方法不同，那樣很好；你的員工會提出厲害的想法；你的社群會在你面對艱困的人生處境時，給你支持。只要不用時時刻刻每件小事都要管，生活就會變得靜謐許多。由此可見，某些說法是值得我們去質疑的。

結果

有了專屬自己的一夜，年復一年持續下去，時間體驗就會有所轉變。

在調查問卷中，有位參與者說，小孩才六個月大的時候，這條規則就是自己家的傳統，現在小孩都十幾歲了。其中一位家長可以在星期一和星期三的晚餐後「休息」，或者在星期二和星期四的晚餐後「休息」。「晚上廚房清理好以後，其中一位家長負責帶小孩，哄小孩睡覺，另一位家長去圖書館的書庫晃一小時，或者去練習場打高爾夫球、去咖啡館、去騎自行車等。只要一個半小時左右，養育嬰幼兒的生活就有了大幅的轉變。」

嘗試休息一夜的那些參與者，會騰出時間去做各種有趣的事情。有人花了幾個晚上的時間，拍攝春天的花卉。有人晚上從事創意寫作。說來有趣，有幾位只是休息一個晚上，就想去做更大的事情。有人寫：「我跟朋友去喝咖啡。跟人聊天真好！我們決定開始定期舉辦讀書會。」還有人花兩小時彈奏樂器，決定報名參加課程。

有幾位修改了規則，比如一個星期會有一次的午餐休息時間特地休得比較久，畢竟已經定期請托育人員來照顧小孩。反正不管怎樣，只要有了這段時間，人們的看法就會有所改變。有人寫道：「我經常覺得別人掌控了我的時間，有了這段時間以後，在自己度過時間的方式上，我覺得自己有了發言權。我也希望這段時間會固定下來，這樣一整週就有了事情可以期待。」

這份期待感本身就會讓人提振精神。有人說：「開闊輕鬆的感覺會延續好幾天。我只花了一個小時，卻覺得只為自己擬定計畫的感覺很好，比如去附近的公園，跟朋友聊聊近況，做一些輕度的運動，回到家就覺得精神恢復了。」

有了專屬於自己的幾個小時，彷彿在提醒自己，我們的行程就掌握在自己的手中。

有人寫道：「我發現，為自己規劃更多事情，會有一些好處。以前我都是依靠別人把機會帶到我的面前，而現在為了我自己，去掌握一些有趣的事情並排進每月的行事曆，有提振精神的作用。」有人說，只要能覺得「生活不只是工作和家、不只是處理好一切」，那麼就會想起自己是握有主導感的。還有人表示：「去做自己喜歡做的事情，只為自己負責的時候，就會覺得自己更像自己了。看到自己在嗜好上有了進步，覺得很有趣。」

體會到這種進步感以後，有趣的事情就很容易變成投入的活動。在幾週的期間學習一首困難的樂曲，讓彈奏吃力卻美好的樂曲滲入大腦，會帶來深刻的喜悅感。定期去上美術課，就可畫出幾幅終於完工的畫作。在社區劇團表演戲劇，會體驗到興奮感。你參加的壘球隊贏得冠軍，有什麼事比那個還要更有趣呢？

益處比難關還要重要

我很清楚，這條規則並不容易。我很清楚，要應用這條規則，人們就要去挑戰定見。我教這條規則夠久了，所以很清楚，這條規則很難讓人買單。效率時間研究結束一個月後進行後續追蹤，參與者把這條規則列為最難實踐的規則。不過，一段時間過後，就明顯獲得了一些益處。

調查問卷期間，我詢問人們，他們是否定期安排「專屬自己」的時間。百分之六十四的人表示，在學到這條規則的那一週，他們休息了一個晚上，放下工作責任與家庭責任。這數據大有可為。到了一個月後的後續追蹤，多了百分之十二的人表示，他們定期安排自己專屬的時間，而這是跟效率時間計畫開始實踐前進行比較。

安排專屬自己的時間，這件事需要一段時間才能實現，也值得花時間去做。只要定期花時間去做自己喜愛的事情，就會發現一件事實——時間是有彈性的。時間會延長，把我們真正想花時間做的事情給容納進去。所以，我們並不是依靠到處節省時間的方式來打造出自己想過的生活。只要打造出自己想過的生活，並且為那些必不可少的事情騰出空檔，就會發現時間能容納的東西，遠超乎我們的想像。

我在《兩全其美》（**Best of Both Worlds**）**Podcast**節目訪問凱瑟琳．裴利（**Kathleen Paley**）時，就明顯看出了這個現象。凱瑟琳有兩個孩子，在華盛頓特區的某家大型法律事務所擔任律師，責任繁多，一度覺得疲憊不勘。她在**Podcast**節目上對我說，很多人都經歷過那樣的黑暗時期，覺得「工作和家庭佔去了一切」，而「你身為個人的每一個部分，都不得不暫時擱置一陣子」。不過，她表示：「那樣沒辦法長期保持下去。」

凱瑟琳在她喜愛的事業上並沒有減少投入，對於家庭也沒有敷衍了事，她選擇關注自身的心力。她對我說：「很多時候，我們覺得很累，不一定是因為身體沒有力氣，而是我們的想法必須有所改變。」

所以她對抗疲累的方法，就是投入於她長期關注的地方發展與經濟成長。她開始跟費爾法克斯市經濟發展局共同投入志願工作，一段時間過後還更加投入其中。她審視剩餘的時間，騰出空檔。例如，晚上小孩入睡後，她和老公多半會看一小時的電視。就算只有短短一小時，她還是體會到一點，這段被動觀看螢幕的時間在本質上就是會逐漸削弱精力，也就是說，在那樣的晚上，她都沒有做別的事情。所以夫妻倆把看電視的時段減少到一個星期看兩個晚上。在這段剛釋放的空檔，她發現自己可以做其他各種讓人擁有活力的事情，例如投入於她所在城市的小型企業培育中心，幫忙籌辦餐廳週等。最後，她獲選為發展局的新任主席，擔任這個職位，就可以對所在城市做出更大的改變。她說：「看見自己居住的地方變得更穩健、更有意思，真的很美好。」

你打造自己專屬的一夜，獲益者往往不只你一個人。這道理不只適用於利用時間投入志願工作的凱瑟琳，也適用於休息夜在本質上比較私人的人們。只要重振了精神，就有更多的心力，把自己所有的責任都擔起來。只要知道自己的精神會變得飽滿，對於生活就會更靜謐以待。

採取下一步

打造專屬於你的一天

要打造自己專屬的一夜，就要投入在工作責任或家庭責任以外的事物上。只要做到了你不在的時候，工作或家庭都會如常運作，那就可以去嘗試一件稍微更有難度的事情——打造自己專屬的一整天。

我指的並不是一整天參加高爾夫球活動或一整天做SPA水療，但如果那樣你就會開心的話，就值得安排到行程裡。我的意思是，花一天的時間，對自己提出大哉問吧，思考你想要的生活是怎麼樣子。

兒童過敏免疫科醫師瓊安・鄧祿普（Joan Dunlop）打造事業的方式很不「傳統」。她照顧三個小孩九年以後，選擇回去接受專科醫師訓練。她做出這類重大的事業決定時，會私下短時間靜思，思索自己的時間要花在哪裡，還有自己度過的時間會是什麼樣子。有時是在咖啡館度過半天時間，有時是在附近的旅館待一天。她會檢討生活中的五個範疇：她的婚姻、她的心靈健康、她的小孩、她的工作、她的身體健康。她會列出自己在各領域做了什麼，她目前所處的是什麼樣的人生階段，她想做出哪些改變。

在私人的靜思日，她有餘裕可以思考自己要採取的策略。例如，瓊安剛當媽媽的那幾年，一週有一天在急診室工作，這樣技巧就不會荒廢。小孩長大以後，她體會到自己或許能把稍微多一點的心理空間放在工作上。她的工作是兼職，要更上一層樓的話，最明顯的方式就是轉成全職。然而，在急診室的環境，工作時數更多，意味著相似的工作時數更多，這不是她渴望的那種提升。於是她決定利用她那擴展的心理空間，接受過敏免疫科醫師的訓練。她之前常帶其中一個小孩去看過敏免疫科，多年後的現在，她在學術型醫學中心工作，推動這領域的研究。

瓊安認為，不管是誰，都要有獨處的日子。她說：「這樣就不會一看到眼前的事情就趕緊埋頭去做。如果你不花時間去規劃、去思考、去評估自己度過時間的方式，那麼不可能什麼也不做，突然某天醒來就覺醒。你周遭的人做什麼，你就會跟著做什麼。」你若是律師，就會設法當上合夥人。你若是有小孩的家庭主婦或主夫，就會帶領家長會。不過，那是正確的一步嗎？那是你想做的事嗎？獨處一天，或許能想個清楚。

此外，瓊安表示，獨處的日子「理論上會讓我在日常生活中不過於煩憂。計畫寫得不順利？我的腦海立刻浮現：也許我不應該嘗試在這麼大的事業『獲取成就』。小孩突然隨口說希望我參加活動，但我卻沒辦法參加呢？我會回頭檢討優先事項。」而當她知道自己可以獨處一天，定期思考自己度過的時間，那麼她當下就可以把這些憂慮擱置在一旁，心裡很清楚，之後會再思考整體的時間分配。

要是連休息一個晚上都很難做到，休息一天就難上加難了。不過，還是有可能做到的。也許你可以在朋友出遊時，利用朋友的房子。如果騰不出一整天的時間，那就試試看半天吧。你早上沒去工作，而是請了事假，去別的地方幾個小時，例如：天氣晴朗時的公園、圖書館等。事先思考，你可能會想問自己哪些問題。好好規劃時間，這樣才能聰明運用時間。我不是在保證你會有重大突破。不過，只要陷入日常的籌畫，就很難思考大局。獨處一天，就有了餘裕。有時，我們真正需要的，就真的只是獨處一天。

輪到你了

打造自己專屬的一夜

● 規劃問題：

1. 除了工作和家庭外，你有沒有覺得有趣的定期活動？（例如讀書會、合唱團練唱、每週的高爾夫球賽等。）
2. 如果你還沒有覺得有趣的每週活動，那麼每星期休息一個晚上的時候（或週末幾個小時的時間），你會做什麼？如果你已經花時間在你覺得有趣的活動上，你還想不想再排進其他活動，好讓每週的行事曆都安排了有趣的活動？
3. 如果你目前並未享有自己專屬的一夜，你需要做什麼才能實現？如果你目前已享有自己專屬的一夜，你是怎麼在生活中騰出空檔？
4. 什麼可能會導致你無法享有自己專屬的一夜？
5. 你怎麼應對這些難關？

● 實踐問題：

1. 這星期，你有沒有暫時放下工作責任與家庭責任，休息幾個小時？你在這段時間做了什麼？
2. 如果你在過去一週並未享有自己專屬的一夜（或一段時間），對於下週休息一晚可能會做的事情，你有沒有什麼想法？
3. 休息一個晚上（或至少幾個小時）以後，你發現自己的興趣受到了什麼影響？
4. 你設法花一些時間在興趣上，此時面對了哪些難關？
5. 你怎麼應對這些難關？
6. 你有沒有修改這項策略？如果需要，該怎麼改？
7. 你在生活中繼續應用這條規則的機率有多大？

第三篇

減少時間的浪費

養成習慣，騰出更多的修復時段

你發生過這樣的情況嗎？你到了公司，準備要在早上完成第一優先的工作。不過，首先要處理一些文書工作，接著處理另一個案子的一堆電子郵件，突然之間，就該去參加十點半的會議了。

週末的時候，在所有人必須出門以前，你有一兩個小時的時間。小孩全都很安靜，你上樓去拿書，但是首先你記起要訂購電池，所以你拿起手機訂購，然後迅速瀏覽新聞快報，突然發現自己必須進去車子裡了，只剩下十分鐘。

浪費時間是很容易的。

前陣子，我透過Airbnb租了一間房子度過週末，房子裡有個牌子，寫給住客的話：「以為是浪費時間，但樂在其中，就不算浪費。」插圖畫有小巧的雲朵，蘊含的寓意——很適合這個位於山谷、周圍盡是秋色高山的農家——是凝視天空是度過時光的絕佳美好之道，而我贊同。只要你的心智從搖晃的吊床下來，就能恢復平靜，這是成效很高的計畫。把時間花在你覺得有意義的事物上，就不算是浪費時間。就算成果不太合乎你的期望，也不算是浪費時間。

在我看來，把幾分鐘、幾小時甚至幾天的時間，漫不經心的投入在自己不在乎的事情上，這才叫做浪費時間。根據這樣的看法，很多人把時間浪費在根本不像是凝視雲朵的事情上，那才是可惜。本來可以專心一小時發揮創意，卻把這段時間切得零碎，去回答某封原本可以晚點回的電子郵件。本來可以二十分鐘都躺在吊床上，卻浪費時間去讀國中同學在別人早餐相片底下張貼的留言所獲得的回覆。人生終有一天會結束，而我們卻在這裡，做著毫不重要的事情，任由時間轉圈，流進排水管裡？

人很容易漫不經心度過時間，但不用放任流水而去。效率時間計劃的最後兩條規則，重點就在於怎麼減少時間的浪費。有些事情不值得花那麼多時間，先用好事填滿生活，再壓縮空檔來從事生活中的小工作，我們還可以創造出更多的時間充裕感。只要漫不經心的習慣有所改變，就可以更開心地度過休閒時間，甚至可能開始覺得自己享有的自由時間比自以為的還要多。只要覺得自己享有更多的自由時間，對自己訴說的生活故事就會徹頭徹尾改變。

有了這些轉變，不可能就能百分百完美度過光陰。每個人都會浪費時間，我當然也會，這是人類的處境。不要把完美當成是目標，要把進展當成目標，只要更開心地或更有意義地度過每一分鐘，那就算得上是小小的勝利。應用最後兩條規則，就會獲得那些勝利。

規則八

分批處理小事

工作向外擴張，填滿有空的時段。
給的時間少，花的時間就少。

《戰爭與和平》大約五百頁的地方，托爾斯泰筆下的其中一位主角安德烈（Prince Andrei）碰到了一個還算永不過時的問題。這位理智的貴族對於俄軍改革抱持著宏大的想法，他來到彼得堡，訴說自己的想法。不久，他就進入某個重要的委員會，理論上，這是一大榮耀。托爾斯泰寫道，他赴了一個又一個的約，卻發現「為了準時抵達各個地方，這生活的構成、一日的安排把他大部分的生命力都給吸走了」。確實，「那些日子他整天忙得團團轉，沒時間思考一件事實——他一事無成。」

一讀到這段文字，我立刻在底下畫線，畢竟，嗯，誰不會有同感呢？

有時會覺得一整週又一整週的時間全都消失在一大堆必須要做的事情當中，要在表單上簽名並掃描，要確認籌畫事宜，要安排開會時間，然後一有其他事情冒出來，作戰計畫要改變，要重排開會時間。家事、雜事、為另一天所做的準備作業，有可能會讓晚上和週末的時間就這樣消失不見。這些活動意味著我們覺得自己忙得要命。沒有人無所事事，但到了一天的尾聲，卻不太明白自己有了什麼進展。安德烈的軍隊不是這樣，我們的個人目標或事業目標或許也不是這樣。

生活中的所有管理工作與維護工作好像把時間給吃掉了。不過，這當中有個部分最是奇特，我們忙著做的事情很多其實不太花時間，最起碼根據時間日誌是這樣。幾通電話、幾張表單、幾封回信，我們在腦海裡檢查這些工作而耗費的時間，比實際檢查工作的時間還要久，而想到這些工作的存在就不由得傷透腦筋，工作所影響的心理層面也因此向外擴張。

行程塞得這樣滿滿的，還有個更大的問題，就算這些工作很討厭，但還算是不太費心力，而且工作一結束，會有明顯的「完成感」，從而心滿意足。生活中很多重要的事情，比如跟家人培養關係、推動事業有所進展等，都沒有那麼明顯的「完成感」。雖然重要的事情值得花時間，而且值得花很多時間，但是獲得的回報並沒有像完成待辦事項那樣立即又明顯。所以，輕鬆完成小工作帶來的成就感，會不知不覺間把一天的時間切得零碎，就算在重要的事情上沒有進展，還是會覺得有所進展。

解決的辦法就是**效率時間的規則八：分批處理小事**。

對於必須完成卻不是優先事項的事情，請選定一小段的時間著手處理。也許是某個上班日下午騰出半小時去做，也許是每週五投入更多時間去做，也許是週末選一天，花九十分鐘集中處理家事、雜事或個人工作。小工作在你面前或在你的收件匣冒了出來，不要直接就去做，請把這些小工作列入清單，安排分批處理的時間，到時再一起處理這些小工作。

「分批處理小事」的規則有兩大作用：

1.這條規則會讓你不得不排列優先次序。

如果你給自己一小時的時間，快速掌握收件匣裡尚未處理的小工作，那你就不會對著不重要的回信想來想去。如果你有一小段時間，要買生日禮物，要安排剪髮時間，還要應小孩學校的要求，填寫必要表單，那你就不會仔細搜遍一大堆的生日禮物。如果你每週六有一小時的時間收拾家裡，那你會專心投入在影響力最大的行動上。工作向外擴張，填滿有空的時段。給的時間少，花的時間就少。

2.小工作不會一直是可有可無的選項。

你很清楚，會有明確的時間可以去訂購禮物、簽署表單、打電話給牙醫。把「深度工作力」排進行程，或者花時間專心培養關係或恢復精神。你不想打斷自己，準確來說，你**不應該**會想打斷自己。如果在星期六時段以外的時間，看到地板髒了，覺得不好，那麼請提醒自己，有打掃的時間，現在不是打掃時間。不用因為沒做某件工作就感到內疚，讓自己放鬆一下吧。只要分批處理小事，就可以把其他的時段空下來，投入更有意義的工作或有趣的事情。

這條規則聽來簡單，卻很難實踐，大部分是因為大家對於生產力的意思還抱持著一些根深蒂固的觀念，而這條規則牴觸了這些觀念。把清單上的小事給劃掉，會覺得很有生產力；花大段時間設法處理複雜的事情，卻不會覺得有生產力。不過，時間和注意力無可取代，問題就在於我們要把時間和注意力放在哪裡。

如何分批處理小事：六大步驟

我向效率時間的參與者介紹這條規則，然後請參與者依照六步驟的過程，在生活中培養這個新習慣。

1.學著找出小工作。

我請大家回頭思考過去二十四小時的情況。有哪些不緊急的小工作排進了每天的待辦清單？就算當時在做別的事，有哪些小工作是一想到就會立刻完成的？常見的答案有：幫小孩報名參加活動、寄包裹、付帳單、回覆邀請函、東西物歸原位、購買家用品、安排例行的約定、寄出對方要求的資訊等。小工作的性質瑣碎，很難逐一列出，所以不用完整列出生活中所有的小工作，只要學著去辨識這些不太重要的事項，就能分批處理了。集中注意力一、兩天，就會開始懂得辨識了。

2. 決定自己需要多少時間。

我請大家自我評估，過去七天，在事業上、個人上的小工作，投入了多少時間（在這次的計算中，準備食物、洗衣等經常要做的家事，我沒要他們納入；你有意願的話，也可以納入這些家事，但是過程看起來會有點不一樣。）大家的猜測主要落在一星期兩小時左右，通常是一到四小時的範圍內，但有一位參與者說的數字相當於清醒的每一分鐘。

在我看來，大部分的人每星期一到四小時，還算適當，處理複雜家務或在職場上獲得較少行政支援的人會比較接近四小時，生活比較簡單的人接近一小時。這個時間範圍並非無關緊要，很多人肯定喜歡每星期多花一到四小時的時間閱讀或投入嗜好。有時會覺得好像是二十四小時全年無休的時間制，但實情不完全是如此。

在任何家務的心理負荷上，誰要承擔多少比例，在社會上可說是重要問題，即使如此，還是要認知到並非全年無休——這點很重要。同樣的，很多職場對支援人員的投資不足，卻用了預料中的老套台詞，期望員工把沒做完的工作接手做完。只要是碰到的情況有不公平的感覺，這些問題就值得處理。然而，也有些事情是我們個人可以做的，藉此把自己碰巧承擔的負荷比例給減輕。在此有個重要的體悟，這些**工作給人的感覺往往會比實際更重大，因為要是不謹慎處理，我們就會一直有負擔**。你的生活可以用來記得以下的事情：為了即將到來的旅行，你需要預約狗保姆；你開會的那週，共乘汽車要換別台。儘管每件事只要花三十秒寫簡訊或電子郵件，但還是要記得。

3. 確認時間的安排，確認哪裡可能會卡住。

我請大家思考一下，在上班日的什麼時候可以安排時間處理小工作（包括上班時間必須處理的個人工作）。我也詢問了處理家中事務的每週家事時段是什麼時候（也許每天會有一小段時間從事日常工作）。大家什麼時候可以處理？什麼可能會導致無法分批處理？

人們預先考量到了各式各樣的難關，比如，有些工作本來就比其他工作更被動。

「如果有個最後期限突然冒出來，而上司要我立刻答覆，那麼就算我在那天的尾聲安排了時間，也無關緊要了。」有人寫道：「比如說，我不得不放下手邊的一切工作，為了一篇突然冒出來、跟我正在管理的活動有關的新聞報導，去找出統計數據。再過三小時就是報紙的截稿期限。我不能說『嗯，我的分批處理時間是排在下午四點半，所以我到時再開始做。』」

這樣說或許沒錯，但我們還是可以區分「緊急的事情」和「不緊急的事情」。就算最後期限很緊迫，但往往還是有其他各種工作（比如填寫人資偶然傳來的表單）可以分批處理。針對幾天份量的或一週份量的工作進行分析，把工作分類成「可日後處理的工作」以及「無法日後處理的工作」，這樣應該會有所幫助。目標是區分這兩種類型的工作，不會忙得那樣團團轉。

有些人擔心，就算設法在分批處理時間前一律忽略小事，小事都會把他們給找出來。有人預期會有這個問題，發誓要「在自己處理其他事情時，把手機設為勿擾，並關閉新電子郵件的『叮』提醒音。」還有人決定關閉全部通知，在一天的幾個時間點，在沒實際打開電子郵件與訊息的情況下瀏覽電子郵件與訊息，確認沒有緊急的事情。

有些人則是怕自己心裡會一直在煩那些小工作。某個人解釋道：「如果我可以擺脫多餘的念頭，我的大腦會運作得比較好。」提到這個難關的人，之所以會立刻做好這些小工作，是因為他們擔心自己會把小工作給忘了，或者擔心清晨三點還記得，或者擔心自己無法劃分工作，在工作做完以前都一直想著工作。

4. 開始把事情寫下來。

我瀏覽效率時間調查問卷的答案時，體會到一點，很多人都擔心自己忘了做某些工作，或擔心自己一直想著未完成的工作，但實際上卻沒有擬定待辦工作清單，正如某個人所說，只有「腦海裡的清單」。有些人會列工作清單，但在私人生活上，卻失去了列工作清單的能力，結果一有工作冒出來，就發狂似地處理工作。

如果聽起來很像是你的情況，那就該培養新習慣了。人腦很不適合用來保存清單。工作出現在你眼前時，請把工作寫在你知道自己會看的地方，例如：手帳、行事曆，甚至是一封寄給自己的電子郵件（如果你會把電子郵件處理成可行的工作清單）。

我把星期五的「未完工作清單」放在週曆頁面，清單裡的工作可依照需求加以增減，並在通常相當有空檔的星期五的某個時間點處理這些工作。友人麗莎．伍卓夫（Lisa Woodruff）是Organize 365公司的老闆，她就教人保有「星期天的籃子」。將所有的小工作都丟進這個籃子裡，比如圖書館的書、同意書、寫給自己的小紙片，然後在星期天的分批處理時間，把籃子給清空並處理完畢。

把工作集中起來或列出來，就不會把工作給忘掉，而且一旦選定了分批處理時間，那麼在分批處理時間之前，應該就不會擔心那些工作了。你很清楚，等時間到了就會去處理，現在不是處理的時間。讓原本是「煩人的工作」，變得很像是安排在下週三早上八點的牙醫約診。大部分的人都不會因為牙醫約診的事「未完成」，就時時刻刻惦念著牙醫約診的事。這是一件已確立的工作，有指定的時間，所以我們的腦袋不用擔憂。當你指定星期五下午一點半填寫表單，也是同樣的情況。

把事情給寫下來，待辦清單引起的焦慮感並不會因此一筆勾銷，但焦慮感確實大幅減輕了。在忙碌的生活中，只要稍微減輕焦慮感，就會帶來莫大的改變。「我試著在手邊留一小張寫了備註清單的便利貼，隨時想到有件小事是我平常會停下來去做的，就把那件小事給寫下來，並且確信這件小事之後在『分批處理』的時間會完成。」有個人如此寫道，並且表示此舉有利減少令人分心的情況以及經常落後的感覺。

5. 把合適的工作安排在合適的時間。

有幾個人擔心我是在建議騰出一大段的黃金時段來處理所有的小事，而這引起抗拒感以及這些台詞：「在我的行事曆，工作日的較長時段是極其奢侈的物品，我會用這段時間發揮深度工作力。我保有一份清單，上面列了一次就可完成的工作，可以在工作會議之間必然有的五分鐘空檔處理。」

在我看來，如果你的上班日只有一個兩小時的時段，那就不應該用這個時段來分批處理小事。在你生產力最高的時段，也不應該分批處理小事。我把這個壞習慣叫做「清理甲板」，這個用詞來自托爾斯泰的時代，意思是在打仗前，先把船上甲板的所有物品都固定放好。

清理甲板在海戰時也許是聰明之舉，但在日常生活中卻會造成反效果。實際發生的情況是大家在上班日的開端都有著宏大的意圖和很長的待辦清單，大部分的事項都是小事，有幾件是大事。大家會很想先分批處理所有小事，這樣一來，理論上，之後腦袋會很清楚，可以專心處理大事。不過，實務上，這種做法很少有用，因為大家會筋疲力盡。小事在早上十點左右做完了，你去開會，你反覆查看電子郵件並閱讀頭條，午餐時間到了，你的活力垮掉了，再也無法處理大事……

大部分的小事，最好是在非高峰期間，找出一個三十分鐘到六十分鐘的時段處理；當日最重要的工作，請運用一大早的活力。至於會議之間的幾分鐘空檔呢？用來減壓、思考下一個會議、跟同事聊天或閱讀，或許會比較好。

6. 找出有用的方法。

把不緊急的事情全都推到星期五，也許很理想，但是實務上，別人會設法讓不緊急的事情變得緊急——突然換別的事情做，有時確實感覺不錯。幸好，完美不用是良好的敵人。如果你打算進行多次分批處理，那麼選定的分批處理時間不用很長，甚至不用什麼都通通包，只要有十分鐘到六十分鐘的時段，可以處理多件小工作，就算是合乎這條規則。原本應該是專注的時間（或專屬的放鬆時間），卻不斷想東想西，才是問題所在。有了這樣的壞習慣，就做不了別的事情。

生產力困境

關閉通知，擬定清單，算是夠簡單了。但是對於很多效率時間的參與者來說，有個更大的問題，無論是在職場上還是在家庭裡，分批處理小事的規則跟一些根深蒂固的生產力觀念是相互牴觸的。

- 「我喜歡分批處理家事的想法，但也覺得自己現在的心態是『我的事情多到忙不過來』，如果我沒有時常去處理某件事，就會覺得自己不負責任。」
- 「現在的生活就是在你可以做的時候就把事情做完，因為不一定能依照安排的時段處理事情。」

我們喜歡事情做完的感覺，人通常都是這樣。至於會去閱讀時間管理與生產力書籍的一小群人呢？我們真的很喜歡把清單上的事情給劃掉。把事情劃掉，這個肢體動作會帶來極好的滿意感。確實，我會在做完事情後，把事情寫在待辦清單上，這樣就可以把事情劃掉。

我們走來走去的時候，腦袋裡的座右銘有兩個：一，今天可以做的事情就不要拖到明天；二，要趁著艷陽高照的時候曬乾草。有些效率時間的參與者引用了「兩分鐘規則」，很多的生產力文獻資料都提過，概念如下：如果某件工作要花兩分鐘（或不到兩分鐘），那麼一得知那件工作就應該直接完成，不用等之後再處理。

在某個程度上，兩分鐘的規則有其道理。再次拿出那件工作並進入心理空間處理工作，也許要花兩分鐘以上的時間。不過，兩分鐘的規則有一些難處，最終會損及益處，因為任何一件兩分鐘的工作，有可能輕易變成以下三種怪物之一：

1. 工作九頭蛇

你確定只有一件簡單的兩分鐘的工作？很少人擅長估算時間，兩分鐘的工作有可能變成五分鐘或十分鐘的工作，或者一件工作含有多個環節，要等某個人回電給你，或者你需要追查不同的表單，或者要列印文件，附近卻沒有印表機。有人把這種現象叫做「工作九頭蛇」，砍掉了工作的一顆腦袋，卻又長出了另一顆腦袋。不久，等你打算做其他事情，就要多佔用時間了。

2.兔子洞

分心後要重新開始工作，會很難做到。把同事跟你要的表單，用電子郵件寄給同事，確實只要一分鐘的時間。不過，寄完電子郵件，就會發現自己竟然陷入收件匣裡。你的收件匣原來有其他一堆閃亮、全新未讀的電子郵件。你開始開啟電子郵件閱讀，然後兩分鐘變成了二十分鐘，而這還是你待在收件匣的情況。還有些人詳細說明了自己在重新開始工作前要做的習慣。一有中斷，就會去查看頭條、股市、體育賽事分數、兩個社群應用程式、天氣。專注力沒有成為通例，反而成為例外。

3.拖延的海妖

最大的問題是兩分鐘的規則（或者甚至是五分鐘或十分鐘的規則）會讓人很容易把比較困難的事情往後拖延，有自知的參與者很快就看清這種現象：

- 「我坐在電腦前面時，往往會處理私人的事情，比如訂購禮物、查詢自行車道等，因為這比工作還要更輕鬆、更有趣。」
- 「就算小工作害我分心，沒去做更大、更重要的工作，我還是想要覺得自己有生產力，而處理小工作，就很容易覺得自己已經做完很多事情。」

- 「我有時會很難有動力去做有成效的事情，所以這些小工作就派上用場了。」
- 「灰心的時候，有事情可以『劃掉』，感覺很好。有時這當中有其價值，但是我往往需要坐下來，真正開始處理困難的事情。」

雖然「工作九頭蛇」和「兔子洞」的現象都會把時間給吃掉，但是終歸到底，最後一種怪物才是最危險的。

有時，在思考作品的時候，只需要坐下來，盯著螢幕，或筆電，或鋼琴鍵，或畫布，你的大腦努力釐清你要做的事情，於此同時，你得要忍受不適感。你要是讓自己輕鬆贏得勝利，就是讓自己無法從突破中獲得更大的勝利。雖然你確實需要休息，但是與其回覆電子郵件，不如完全斷網，這樣情況也許會比較好。

「如果我的大腦覺得被難倒了，我就會站起來伸展或散步，這樣還是能讓一部分的腦袋處理問題。」有人如此寫道。散步的時候，大腦會慢慢把不同的線給編織在一起。散步回來就會覺得精神恢復，也想到了答案。站在大局來看，與其從待辦清單中劃掉六件沒意義的事情，不如去散步或站起來伸展還比較好。

三小時的規則

如果「兩分鐘的規則」沒有那麼好的話，該怎麼辦呢？幾年前，在我那些聰明的部落格讀者當中，有一位讀者分享了她的「三小時的規則」，這種做法可以完成大事和小事。

每天，她會花幾分鐘的時間，看電子郵件並規劃工作流程，然後從早上九點到中午時間，她會潛入水中——也就是關閉全部通知，關閉收件匣、關閉手機，完全專注處理當日的大問題。午餐時間，她會浮出水面。剩餘的時間用來打電話、開會議、處理行政工作等。她應用「三小時的規則」，完成了所有的兩分鐘的工作，但在重要的案子上也有所進展。

我很清楚，所有的工作都是各不相同。醫學、建築、零售等很多的事業並不符合這個模式。就連從事知識工作的人員可能已經想出了一些理由來說明三小時的規則為何永遠行不通。也許是行不通吧，但如果我們允許學校護理師、托兒所或你的配偶來電，那麼你會改變想法嗎？為每個人保留專注時間一事，萬一你能跟經理或直屬部下誠實聊一聊呢？你曾經搭乘飛機三小時，別人都聯絡不到你嗎？或甚至只是九十分鐘的飛行航程？地球停止轉動了嗎？

要改變日常生活，就要改變內心說法

有時，我們變得沉溺於忙碌的觀念，覺得自己時常必須做這件事或那件事。**我之所以沒時間思考接下來的事業對策，是因為我不得不回應所有的會議要求！我之所以沒辦法跟朋友見面，沒辦法寫那份出書計畫，是因為我不得不去買燈泡、郵寄包裹，還有……**特地把這些工作推到較短的時段，就表示可能會有時間去做其他事情。雖然這樣聽起來很好，但是承認有時間去做其他事情，也許就表示說法有所改變。而說法有所改變，可說是一件難事。說法要有所改變，身分就必須有所改變。**我再也不是犧牲者，再也不會為每個人做每件事。我這個人原本可以開心享樂，或者在事業目標上原本可以有所進展，但是由於我的選擇使然，卻沒有做到。**

終歸到底，生活過得不開心，不會拿到獎品。太過忙碌，沒做重要的事情，也不會拿到獎品。如果你喜歡自己度過時間的方式，很好。如果不喜歡，就做出改變吧。意識到庸碌的生活把你的生命力給耗盡了，想把時間拿回來，那麼其中一種方法就是分批處理小事，這樣就能保有心力，處理你心中重要的事情。

結果

效率時間的參與者把這個目標謹記在心，試著應用這條規則一個星期，亦即騰出一些小時段來處理小事，這樣就能保留大段時間處理大事。大家多半選擇了上班日的下午時段進行分批處理，這個時段很不錯。此時，大家的活力多半會下降，而那些輕鬆的勝利有激勵的作用。很多人依照我的指導，在星期五騰出更長的分批處理時段，處理那些往往會累積的事情，而這樣做了以後，產生了各種正面的效應。

有一點最為顯著，只要不時常中斷自己手邊的工作，那麼在優先事項上就會有所進展。下午分批處理小事的某個人寫道：「這星期的早上時間，我覺得自己完成了更多的工作。」還有人表示，這條規則改善了專注力，因為「會覺得自己是在安排待辦事項的時間，不是被待辦事項給打斷了」。

「我知道有個時間是要用來處理那些小事，這樣就能把重要卻不緊急的事情列為上班日的優先事項。」有人如此寫道。另一位則是喜歡能夠「對自己說，有個專門處理的時間，不是現在」。相較於在計畫前調查問卷上表明「昨天」有充分時間的人數，多出四分之一的人認為，在效率時間計畫的第八週期間，他們有時間去做他們想做的事情。

除了覺得有充分時間外，他們對於自己度過的時間也有更好的感覺。有位參與者寫道，覺得「疲憊感減少了」。還有一位表示：「有一種『全部』都做完的成就感，而（小工作）散布一整週的時候，通常不會有這種感覺。」

有些人原本懷疑這條規則沒有用，但後來都充滿熱忱，我看到這樣最開心了。有位不情願改變立場的人表示，多年來，她都能把事情塞進行程的空隙，並且引以為傲。不過，試著應用這條規則以後，她才體會到過去一直尋找機會（時間）來處理小工作，「表示我一直想著那些小工作。但不讓自己去費心，效率會比較高，也不那麼消耗心力。」

一段時間過後，分批處理小事就會讓整個說法翻轉過來，應對上班日的方式也會隨之改變。我們再也不會把好事勉強塞進其他事情當中。哪件事會讓我們活力十足，就先去做。至於小事，只在我們選定的時間做。在容易分心的世界，這種做法才是真正的競爭優勢。

「工作電子郵件往往讓我感到措手不及，好像每個人都要求我做事。」有人這麼寫道。而這個人試著應用這條規則以後，才體會「之所以有這樣的印象，是因為我每小時都會看信箱，所以才『覺得』好像有人一直在對我嘮叨。」她做了決定，再也不讓自己覺得被人嘮叨，在下午三點左右做分批處理。「我立刻就看清大局，我可以處理大部分的小事，對於那些真正需要更多時間才能回覆的小事，也能決定什麼時候處理。我覺得自己節省了時間，但最主要是覺得我對工作的感受有所轉變。」

個人的生活也是同樣情況。有人把家事時段安排在週末，覺得「原本悔恨家事偷走了我的自由時間，後來悔恨感也減少了。」她思考著，在剛騰出的空白時段，自己到底真正想做什麼。答案呢？在晚餐後或日托時間後，她多半會待在外頭，享受著春日時光，以及溫暖的氣溫。只要不一直想著自己應該去做其他事情，就會覺得時間變得輕盈了。

放下某件事

分批處理小事，就能做到簡化，但簡化到最後就是要歸零。這世上有一大堆的工作是不需要做的。

所以我才會建議大家記錄自己度過的時間。不管你在做的那件事是什麼，只要知道時間去了哪裡，就可以問自己，為什麼會在做那件事？也許有充分的理由，也許沒有。如果沒有充分的理由，請探索有沒有其他方式可以度過日常生活，騰出各種空檔。

例如，你不用回覆所有的電子郵件。你肯定不用把電子郵件歸檔或封存。你可以想個清楚，會議有沒有必要開，還是說，改成寫一封電子郵件就可以了。也許你每週都要寫報告，而你懷疑報告沒人在讀，你可以不寄報告，看看會發生什麼事。如果沒人發現，表示報告應該不重要。

同樣的做法也可以應用在個人生活上。

我不擬定飲食菜單，我們也沒挨餓。有些星期，我不會把洗好的衣服歸位，衣服就放在籃子裡，我有需要就拿。我的車子有時會被雨淋，我才突然想到差點該洗車了。

我很清楚，對於這方面，有好幾派的想法。我跟其他人一樣，看過威廉·麥克雷文上將（Admiral William H. McRaven）發表知名的〈整理你的床鋪〉（Make your bed）畢業演說。我的目標當然是對任何值得的事物都盡心盡力，但我覺得我們處理小事的方式不必然就是我們處理大事的方式。時間有限，要是花一堆時間處理小事，可能就不太有空檔去處理大事。意思不是說我們應該漫不經心，只是說時間一旦花在這件事上面，就表示時間無法花在別件事情上面。

所以如果你確實花時間做某件事，那你一定要有充分的理由。如果沒有充分的理由，就自問，要是沒做那件事，會發生什麼情況？會引起混亂嗎？我敢打賭，不會有太大的改變，只要放下一件小事，就會擁有更多的時間。

輪到你了

分批處理小事

● 規劃問題：

1. 回頭思考過去二十四小時的情況。有哪些「小工作」排進了每天的待辦清單？就算當時在做別的事，有哪些「小工作」是一想到就會立刻完成的？
2. 請你以分鐘估算，上週花了多少時間處理這些工作？
3. 為了處理職場的小工作（以及上班時間會出現的個人工作），你什麼時候會安排每天的或每星期的一個時段處理？
4. 為了處理個人的小工作，你什麼時候會安排每週家事時段處理（也許是週末或某個晚上）？
5. 什麼可能會導致你無法分批處理生活中的小工作？
6. 你怎麼應對這些難關？

● 實踐問題：

1. 回頭檢討過去一週的情況。你指定在上班日的什麼時間來處理小工作？
2. 你指定在哪些時段處理家務和家事？
3. 分批處理小事後，你看到自己的生活受到了什麼影響？
4. 試著分批處理小事時，你面對了哪些難關？
5. 你怎麼應對這些難關？
6. 如果你更改了這條規則，你是怎麼做的？
7. 你在生活中繼續應用這條規則的機率有多大？

規則九

先做費力的事，再做不費力的事

休閒時間太寶貴了，不該完全悠閒地只做休閒。

傑洛米・安德柏（Jeremy Anderberg）大量閱讀，他有全職工作和三個年幼的小孩，卻還是一年讀了大概一百本書。在過去幾年，每位美國總統的自傳，他至少讀過一本，還讀了《戰爭與和平》，兩遍。

也許聽來像是傑洛米有空的每一分鐘都在閱讀，但並沒有。他使用社群媒體，他也看電視；也許一天平均有一小時沒在閱讀《戰爭與和平》，而是在看《千金求鑽石》（*The Bachelorette*）節目或房地產實境秀。

比起在網路上漫不經心瀏覽，他閱讀後在情緒上和智識上都好多了。因為他喜愛閱讀，所以他對有限的自主時間做了安排，閱讀是第一優先。他和妻子通常是在清晨五點四十五分起床，花一小時在床上閱讀，然後小孩才起床。夫妻倆睡前也會閱讀三十分鐘左右。接著，傑洛米會找出當天的零碎時間，閱讀幾分鐘。而作家布麗姬・舒爾特（Brigid Schulte）曾經把這種時間命名為「紙花時間」。他說：「如果我手邊總是有一本書，那麼我在等待某件事的時候，或需要休息一下的時候，在這件事上面的選擇就比較少了，需要做的決定也比較少。」

把這些紙花時間加起來，根據傑洛米的估算，他這樣每天就多了三十分鐘左右的閱讀時間。他每小時可以閱讀五十頁左右，每天兩小時的閱讀時間就等於一百頁，每星期就是七百頁。通常是每星期讀兩本三百五十頁的書，一年平均可以讀到一百本書。

不可否認，事情沒那麼簡單。想清楚接下來要讀的書，好讓每天都有一百頁的飛快進度，這也很花時間。不過，整體來說，傑洛米度過休閒時間的方式，我認為是正確的方式。對於生活忙碌並肩負眾多責任的人，這種做法尤其正確。

根據時間日誌研究，就連最忙碌的人都有一些休閒時間。多數人會碰到一個問題，雖然部分的休閒時間是可預料的（例如，晚上，或週末寶寶午睡時），但是休閒時間往往是在人們不太有精力爬山的時候。至於其餘的休閒時間，則是往往在突如其來的片段時間，或者時間長度很短，或者可能很容易被打斷。

社群媒體和螢幕使用時間大致可以順利解決這些限制上的問題。不用規劃，就能享受社群媒體或觀看螢幕。不需要保姆，就能在小孩晚上睡覺時看電視。不需要認知頻寬，就能坐在沙發上。當紙花時間出現時，手機也許就在你的手邊，而手機滑一滑，可能會佔用了兩分鐘到兩小時的時間，所以這個「不費力」的消遣就這樣把人們大量的休閒時間給佔據了。

美國社群媒體使用者每天使用臉書的時間平均是三十三分鐘，推特是三十一分鐘，Instagram是二十九分鐘。任何爆紅的新社群媒體（Snapchat、TikTok、

Clubhouse等）會從既有的服務蠶食掉幾分鐘的時間，卻也會佔用更多的時間。老派的電視呢？根據美國時間運用情況調查問卷，二〇二〇年，有全職工作的一般人每天還是會看二點二四個小時的電視，這是他們主要的休閒活動。時間完全侷限在每天的二十四個小時，所以這個不費力的休閒往往會排擠掉那些費力的消遣，例如閱讀、可發揮創意的嗜好、跟親友社交等。人們會聲稱，要是找得到時間，就會把這類消遣給排進行程裡。

解決的辦法就是**效率時間的規則九：先做費力的事，再做不費力的事**。先做幾分鐘「費力」的消遣，然後才是去查看社群媒體或打開電視。看社群媒體和電視可以在較長的休閒時間做，也可以像傑洛米那樣，在紙花時間的期間做。

這條規則有個好處，只要先做費力的消遣，再做不費力的消遣，那麼兩種消遣就都做了。

我不是叫人不要看電視、遠離社群媒體。我很清楚，現今有一大堆出色的節目可以看。此外，在我看來，跟觀看劇本寫得很好的戲劇（或看Instagram上面的漂亮服裝）相比，閱讀有關低卡路里零食的雜誌報導，也沒有天生更高尚些。不過，如果大約晚上八點的時候，你的小孩就會上床睡覺，或者你就會做完工作或家事，而大約晚上十點半，你就會上床睡覺，那就還有很多時間，可以玩拼圖三十分鐘，然後看幾個電視節目。不過，就算你真的很愛玩拼圖，就算觀看兩個實境秀角色共謀陷害第三個角色，其修復大腦的作用還不如在盒子裡找出四邊的拼圖片，但只要先把電視打開了，就很難關掉電視並集中精力玩拼圖。紙花時間也是同樣情況。滑推特的時候，很難停下來，轉而閱讀一首詩，於是你只會得到一種樂趣。

那樣就可惜了，雖然沉迷於不費力的消遣並不是天生就不好，也不是「沒生產力」，但是預設了這項選擇，就失去了很多樂趣。根據「當下體驗到的快樂」的研究顯示，大家通常認為看電視沒有像閱讀、嗜好、社交那樣開心。只要簡單改變一個習慣，先去做一點費力的消遣，那麼就算是休閒時間有限，獲得的滿意度也會高出許多。

參與者觀點：正視休閒時間

我向效率時間的參與者介紹「費力的消遣」的概念，然後請參與者估算，他們在「不費力的」螢幕消遣上面花了多少時間。雖然估算出的時間通常沒那麼精準，但在社群媒體的計算上，我想應該是精準的，因為很多人都表示，他們查看了手機的螢幕時間功能（所以才有具體的數字，不太可能是猜測的數字）。在研究參與者當中，以上班日統計，平均一天在社群媒體上面有四十八點八分鐘，週末則是一天花五十七點六分鐘。至於電視，根據估算，上班日是平均一天四十四點一分鐘，週末是一天七十九點一分鐘。由於不用擔負責任，加上電視時間的計算方法也有偏差，所以前述的電視數字有可能是低估了。（有人聲稱「沒」看電視，說「那都是小孩看的玩意或氣象頻道」，其實那樣才不是沒看，觀看螢幕不一定要專心！）

我也請參與者留意，他們那零碎的休閒時間是在**什麼時候**。這個問題引發的自我反省程度很有意思。知道自己在小孩睡覺後有一些休息時間，是一回事。而意識到自己每天拿起手機解鎖九十多次，又是另一回事了。

雖然估算出的螢幕使用時間不算久（確實遠低於全部人口的平均值，有可能是因為調查問卷的受訪者過著十分忙碌的生活），但是對於要兼顧全職工作和家庭的人來說，這樣已是佔據了大量的自主時間。

雖然有少數人根本很少碰螢幕，或對自身的平衡狀態感到開心，但是在反思問題上，有更多的人表示，對於自己的計算結果，或這段時間的感受，他們並沒有開心得不得了。有個人抱怨說，Instagram害她去「跟人比較，而後絕望」。還有人在談到自己的螢幕使用時間數字時，如此表示：「拜託不要再問了，數字很大，我不喜歡。」

參與者確實表示，滑動並輕觸熟悉的圖示，這個習慣有如深刻的輪溝，他們用了各種方法來阻止這個習慣。有人看了自己的計算結果，刪除了Instagram。還有人表示，自己限制了社群媒體使用時間，比如「登出臉書，把臉書的應用程式解除安裝，只使用瀏覽器，永遠不記得密碼，寧願每次都使用『忘記密碼』的選項。」這樣一來，要去看別人生日派對的相片，難度就真的提高了。

聽了對方的說明以後，我問參與者，在從事不費力的消遣之前，有哪種費力的消遣，他們可能會想先去做做看？到目前為止，最常見的答案是閱讀。但也有人提到拼圖（包括填字遊戲、數字遊戲）、組樂高、手工藝（尤其是十字繡和編織）、玩桌遊或卡牌遊戲，還有主動聯絡親友，也許是跟住在同一個屋簷下的人親自聊天，也許是打電話或傳訊息，甚至是寫信。

雖然前述的想法都很不錯，但是閱讀有特別的好處，原本用來查看應用程式與社群媒體的那些零碎時間，最起碼很適合拿來閱讀。仔細想想，佔據了社群媒體的那些相片說明、評論、貼文，全都含有文字，看那些文字其實就是閱讀。所以，在很多情況下，選擇閱讀當成費力的消遣，就只是閱讀的素材有所改善，並不是轉換成全新的習慣。

為何很難選出費力的消遣

我請參與者規劃一下，在從事不費力的消遣之前，要怎樣從事短短幾分鐘的費力的消遣，規劃的範圍要涵蓋一整個白天，也要涵蓋晚上或週末的一大段的休閒時間。他們可能要面對哪些難關？

很多人都提到了一個明顯的難關：大家不會像隨身攜帶手機那樣帶著書。不過，這是可以做到的，或者更實際來說，可以像傑洛米那樣，使用手機上的電子閱讀器應用程式（例如Amazon的Kindle應用程式，或者Barnes & Noble的NOOK，或者只使用Apple預先安裝的「書籍」應用程式）。還有個額外的好處，電子書的價格通常比紙本書低一點。很多經典書籍是免費的，或只要九十九美分（約新台幣三十元）。使用Libby應用程式，可以向當地的公共圖書館借閱電子書。打開手機上的Kindle應用程式，簡單得如同打開臉書、推特、新聞應用程式，簡單得如同查看電子郵件後完成事情（只要是在零碎時間設法做到「有生產力」，就往往會發生這種情況）。

只要稍微規劃一下，那麼從事費力的消遣，就不會太費力了。稍微規劃一下，就能利用零碎時間閱讀。稍微規劃一下，就絕對能利用一大段的休閒時間，從事其他種類的費力的消遣。小孩一上床睡覺，就是選擇的時刻了。可以決定打開電視，也可以決定閱讀書籍、玩拼圖或組樂高（如果有費力的消遣可做）。

對很多人來說，有個更大的難關，要付出的心力就算微不足道，但也還是要付出：

- 「疲憊感會把一大堆費力的消遣給扼殺掉。」
- 「過去幾天工作下來，我的大腦變成一團糨糊，要廢會比較輕鬆。」
- 「小孩一上床睡覺，我很容易就把電視打開。」
- 「有些晚上，我原本以為有趣的事情，好像變成了我該做的另一件事情。」

所以大家很容易就聽信了某位參與者所說的「沙發的海妖之歌」。

參與者觀點：以創意方法克服難關

我認為此處海妖之歌的象徵很貼切。希臘神話裡的海妖唱起難以抵抗的甜美歌曲，誘惑水手偏離航線。同樣的，螢幕型娛樂也是設計成具有近乎無法抵擋的吸引力。那是完整無缺的商業模式。成千上萬的傑出人員奉獻自己的事業生活，為的就是把你給迷住，去看下一個廣告（或者去看下一集），為的就是讓你回頭第九次，看所有的朋友有沒有對你的貼文按讚。

「很容易就『看某個東西』，陷了進去。」有人寫道：「我以前就試過了。就算書就在那裡，而我也真的想讀，但只要碰了該死的手機，我的計畫就會消失不見。」

在這樣的現實下，你可以做幾件事，像奧德修斯那樣把自己綁在船桅上，來抵擋海妖的靡靡之音，或者最起碼要把「費力的消遣」的成功機率給提高。

1. 想像自己是另一方。

正如我們在第六章所學到的，可以想像將來的自己讀完一本真的很棒的小說，感到心滿意足。反正只要是想像另一方，任何一種費力的消遣都可以。

「我試著提醒自己，我真的很喜愛閱讀，喜愛的程度超過了所有不費力的消遣選擇，而雖然我需要具備某種活力，才能打開書，沉浸在故事裡，但是讀完後，精神恢復了，真的很值得。」有人寫道。

想想，拚完一千片的拼圖，或者織了一頂可以戴的帽子，或者找出了阿嘉莎・克莉絲蒂（Agatha Christie）推理小說裡的兇手，心裡會有什麼樣的感覺。然後再想想，盯著好看迷人、髮型時髦的一家人的相片，他們穿著親子裝擺姿勢，而且是有人付錢給他們去昂貴的度假勝地，此時你會有什麼樣的感覺。像這樣想像將來的情景，並非易事。有人說：「我的大腦要接受再培訓才行。」雖不容易，但會是有用的推力。

2. 把費力的消遣變得跟不費力的消遣一樣吸引人。

也就是說，認真對待自己的消遣。如果想閱讀，手邊就務必時時要有想讀的書籍。要捨得花錢去買那本新的暢銷書，不要等待圖書館預約書到館。再也不吸引人的書，就放棄吧。你可以訂閱Podcast節目和電子報，看看他們推薦的書，或者瀏覽無數的書單，看看經典小說、回憶錄或遊記。

「在晚上和星期天下午的閱讀時間，我手上的書是我真的很想讀的書。」有位參與者說：「對我來說，那應該是關鍵所在。如果是我撐著讀的書，我不一定會輕鬆拿起書來。」

你也應該要完全接納自己身為讀者的身分。如果你討厭誣告的故事，那麼只要書的主要情節點是誣告，那你應該要跳過。沒關係的，這世上有數以百萬計的書，就算你像傑洛米那樣，一年讀一百本書，而且還能活五十年（我們可以抱持希望！），那麼你一輩子只會再讀五千本書了。你喜歡的書有一大堆，永遠看不完，那為什麼要浪費時間去讀你不喜歡的書？

如果你的消遣是樂高，那就去買樂高吧。樂高迷花三週時間組裝六千元的NASA火箭，獲得的喜悅大過於看著一張擺在那裡的六千元的邊桌。很多人不假思索就購買了串流服務和有線電視，然後對費力的消遣，就變得很小氣。訂購更多的油漆或另一盒一千片的拼圖，也許看似幼稚。圖書館預約書遲早會到館，卻還是購買精裝本，也許看似浪費。不過，也就怪不得大家比較難從事費力的消遣。你需要特地努力讓賽局平衡些，要有資源，還要具備必要的注意力，認真對待消遣。休閒時間太寶貴了，不該完全悠閒地只做休閒。所以要盡力做得更好，而你會去做的。

3. 設定計時器。

如果前兩個建議對來你說沒有作用，那麼這個建議也許會有用：先做費力的消遣，再做不費力的消遣。這條規則並不代表你必須做某件事好幾個小時，也不代表你必須放棄你選擇的不費力的消遣。你可以做費力的消遣短短幾分鐘——雖然十分鐘很合理，但是你要是很不情願，就算只做兩分鐘也沒關係。重點是能切換含有多項活動的無意識流。投入短短幾分鐘的費力消遣，就不會一整晚都在推特閱讀語帶諷刺的回推或使用Netflix追劇，你只要對自己這樣說了，就可能願意拿起書或油漆刷，該項活動本身就有的樂趣很可能會開始產生作用，而你會做得更多。不過，要是沒有的話，嗯，可以用五分鐘的時間，閱讀《戰爭與和平》的一章內容，然後花好幾個小時的時間看《日落豪宅》實境秀，這樣就還是兩種都做得到的人。

結果

儘管有疑慮，效率時間的參與者絕大多數都同意要試著應用這條規則。在一週的期間，參與者做的事情有：閱讀幾分鐘、手工藝、拼圖，或跟親友聯絡，然後再從事被動式休閒。

參與者做出的裁決很正面：一週到了尾聲之際，繼續進行的渴望度是六點一一分（滿分是七分），也就是說，幾乎每個人都同意或非常同意這條規則值得一試。

結果確實令人欽佩。對於前一天度過休閒時間的方式，大家是否覺得滿意呢？到了研究的尾聲，這個問題的得分提高了百分之二十。是否覺得自己沒浪費時間在不重要的事情上面呢？這個問題的得分提高了百分之三十二。該項研究的一個月後和三個月後，這些數字還是居高不下。

這種不浪費時間的感覺化為了各種正面的感覺。有人寫道：「時間好像膨脹了。很神奇。」還有人寫道，自己終於騰出時間投入費力的消遣，「我的精神都恢復了」。我不確定有沒有人說過滑手機四十五分鐘就能恢復精神，就算費力的消遣確實需要稍微付出一點心力，但從費力的消遣中獲得的心理休息會比不費力的消遣還要好，而要明白這點，算不上是什麼突飛猛進。

對於很多參與者來說，之所以會意識到時間膨脹，是因為從事費力的消遣會讓有限的休閒時間更加難忘。在每天的混亂狀態中，參與者主動選擇在休閒時間去做某件令自己滿意的事情，而且更會意識到這段休閒時間的出現。用心地度過時間，不會漫不經心。也就是說，就連有限的休閒時間，感覺起來也比其他活動的時間還要穩固。

「這星期工作很忙，要是沒有這個費力的消遣，很可能會覺得更糟，甚至更措手不及。」有人寫道：「那我會覺得自己好像只做了工作，其他什麼事都沒做。有了這個費力的消遣，最起碼上班日會感覺好轉一點，好像我至少有一些時間留給自己。」當你回頭去看有如旋風般的一週，就會發現自己還是讀完了一整本小說（就很多書籍而言，一天讀三十分鐘左右，一週就能讀完一本），那麼整個說法就會因此有所改變。生活不全是步履維艱的。在混亂之中，還是有時間去做你恰巧喜歡的事情。

人們開始利用紙花時間，投入費力的消遣，而有些人受到鼓舞，設法找出更多的紙花時間。有人寫道：「很像是我那個年代的尋寶遊戲。為了變得更快樂、更有生產力，我可以在哪裡或者哪方面騰出時間來？」

很多人都回答說，自己覺得更快樂了。有人寫道：「我覺得自己更樂觀，更有活力。」也有人表示，自己普遍有著靜謐感，所以無論是在住家，還是在職場，耐心和投入程度都增加了。

我想，這樣的快樂最起碼有一部分是來自於有所進展的感覺。有些研究發現，有所進展的感覺就是職場滿意度的關鍵所在，或許對個人生活來說也很重要。不費力的消遣往往缺乏進展的元素。進展的元素不一定會缺乏，畢竟追完劇可能會心滿意足，但算是經常缺乏。Instagram永遠看不完。樂高玩具組有兩百五十個步驟，完成了十二個步驟，就會看到十二個步驟的成果。你又讀了七十五頁，書籤會往前移動。有人寫道：「不到三天，我就讀完一本書，太棒了。」還有人表示：「假如我沒有落實這條規則，就永遠找不出時間，這個（創意）案子就沒有進度！對我來說，這是莫大的改變。」

只要主動選擇度過時間的方式，對於度過的時間，就會變得更滿意。有人寫道：「我很開心，睡覺前讀了書，沒有心不在焉看著重播的電視節目。覺得自己其實聰明利用時間，把那段時間掌握在手中，不會漫不經心地做某件事。」

在很多情況下，螢幕型的消遣是被動式的決定。這類消遣是無意識的，會不知不覺失去好幾個小時，我們通常會覺得自己在時間上是被動的。我們會感到心力枯竭，時間好像未經我們許可，就發生在我們身上。另一方面，做出用心的決定，就會活力十足。某個人反思了這條規則，然後表示：「這星期，有些晚上我在滑手機，有些晚上我讀書，而拿這兩種晚上相比，我認為自己從閱讀中獲得的收穫多出許多。隨意滑手機，就只是在吞噬時間，接著突然發現已經滑了三十分鐘。」

這種活力普遍提高的情況，以各種意想不到的方式表現出來。有位效率時間的參與者表示，努力先做費力的消遣，再做不費力的消遣，終於「做愛了！」，做愛不是前文提到的費力的消遣——但也可以是！——這對夫妻體會到一點，「如果我們晚餐後就馬上看電視，然後等到躺在床上，才看看我們兩個人是不是都『有心情』，那麼我們通常會累到做不了。」不過，兩個人改為閱讀以後，就還是有充分的心力可以享受各種消遣，而這確實是神奇的成果。

做白日夢也算在內

只有幾個人覺得這條規則不適合他們，但讀了他們的解釋以後，發現在很多情況下，我們說的還是同一件事情。

例如，有人寫道，對於休閒時間必須付出心力，他持反對意見。

「我通常會跟寶寶躺在床上放鬆，什麼事都不做。」這個人如此寫道，而「什麼事都不做」的意思在本質上就是做白日夢。「找出的活動要是無法帶來充實感，比如沒意義地滑手機，那就應該避免，這點我非常同意。不過，如果我已經沒在做那些活動（滑手機、看電視），那麼一天有三十分鐘好好放鬆，什麼事都不做，也會很開心，不用去從事費力的休閒活動。『好好放鬆、什麼事都不做』，其實就是我在疫情期間有意去學的功課，要主動慢下來，找出『獨處時光』。」

我覺得這樣不錯。我確實認為，在這經常運用數位服務的世界，特地選擇「什麼事都不做」，必須付出相當程度的心力才行。雖然我希望大家閱讀或騰出空檔去做其他這類的消遣，但這條規則有個更大的重點，那就是排除漫不經心的活動，這類活動浪費的時間往往是大家所不樂見的，沒意義地滑手機就是其一，而這位剛成為家長的人選擇不去滑手機，沒錯，欣賞寶寶睡覺的模樣吧。可以去某個漂亮的地方，可以在天氣不好的時候坐在落地窗旁邊，觀看這個世界。可以早上在外面喝杯咖啡，在馬克杯裡的咖啡喝完以前，不要看手機。我不會把這些情況說成是「什麼都不做」，這些其實是找出時間欣賞美好事物，在這個容易分心的世界，這樣的時間往往很稀有。

改變我們跟休閒活動的關係

講到要先做費力的消遣，有個感嘆更為常見，對於要把消遣活動塞進一小段的時間裡，大家逐漸感到挫折。書要是夠好的話，你會希望同事晚一點進入視訊會議。有人說：「短暫的消遣好過於沒有消遣。」你也許最好接受這點。

然而，也可以努力找出較長的時段來從事費力的消遣，把挫折感給化解掉。就算生活忙碌，往往還是會有時間——這個論點更為微妙複雜，在疫情期間經常浮上檯面，討論人們是怎麼度過休息時間。

封城初期，大家都是很久以來首次改為從事許多費力的消遣活動。許多標題彷彿在大吼著，我們永遠改變了行程過滿的作風。我們接納了步調更緩慢的生活！多虧了所有的烘焙新手，掀起了一股搶購市售包裝酵母的熱潮。我注意的樂高很快就賣光了（我不得不改去eBay）。瑞琪・霍姆斯・葛蘭特（Riche Holmes Grant）這位創業者兼內容創作者與母親對我說，大家普遍有這樣的感覺：「當世界慢了下來，還有哪個時候會有這個機會去做線上花藝設計課這類的事情？」

瑞琪就跟其他人一樣，先前都深陷於這世界的迅速步調當中——這般迅速的步調似乎妨礙到多種費力的消遣。讀法學院的某年夏天，她在紐約市古根漢美術館工作，買了古根漢美術館的樂高來紀念那段經歷。接著，樂高擺在架子上，好幾年原封未動，而在那段期間，她出差開會，接送女兒萊麗上芭蕾課及參加其他許多的活動。

後來，疫情把行程都清空了。少有其他事情在搶時間，瑞琪把架子上的古根漢樂高給拿了下來，組了起來。她開始買更多的樂高。她組了巴黎的主要陸標，她組了樂高的花束，她越來越喜愛費力的消遣，開始嘗試花藝設計、畫畫等嗜好。

疫情讓她開了眼界，原來是有可能騰出時間，投入有薪工作以外的創意事務。但她承認，以前原本也可以在這裡、那裡找出一小時的時間。複雜的樂高，可能要花幾小時左右的時間，一年有八千七百六十個小時，不管某個人的生活發生了什麼別的事，樂高也不用真的擺著原封不動幾十年吧。

這種現象呈現出了近乎無限的選擇。

某項很有意思的研究發現，高收入者感受到的時間壓力高過於低收入者，就算高收入者與低收入者都是花同樣的時間從事有薪工作或家務，但高收入者的時間壓力還是比較高。雖然享有高收入，在休閒時間就有更多的選擇，但是高收入者跟其他人一樣，還是一天只有二十四小時，時間壓力由此而生。

基本上，當太陽底下的每一件事都是選擇的時候，就會覺得自己的時間變少了，因為選擇太多了，就會覺得自己可能會做錯選擇。

「這世界就是那樣運作的。」瑞琪說：「你要是不那樣做，就會不由得想，我有沒有錯過什麼？我的小孩有沒有錯過什麼？」

在那樣小心翼翼的心態下，在渴望留有選擇餘地的情況下，我們往往選出的事情，都感覺不太像是選擇。我們在社群媒體上面的時候，可以立刻切換，有成效的處理收件匣；然而，組古根漢樂高有如在山丘上插旗那樣，對，我這段時間就是要從事休閒活動。疫情期間，沒辦法去上芭蕾課、沒辦法跟同事去餐廳用餐、沒辦法參加非營利組織的董事會，時間好像沒那麼令人緊張了，於是大家設法主動填滿時間，不會被動度過時間。

對瑞琪來說，改變的地方並不是她擁有的時間，而是體會到費力的休閒是一件美好的事情，應該列為優先事項，比其他活動還要更重要。如今，就算世界已開放，瑞琪有一些休息時間的時候，還是選擇了畫畫，沒有追劇。

只要把費力的消遣放在第一，就不會漫不經心地眼見自己的生活被吞噬，變得比剛開始的時候還要沒活力。沒有什麼事物需要從生活中消失，只是平衡狀態要有所改變才行。

「我還是會做不費力的事情，但是現在到了晚上，我設法把費力的消遣列為優先，結果我在各種活動上所花的時間有所翻轉。」有位效率時間的參與者在計畫結束的三個月後寫道：「睡前沒有滑手機二十分鐘、閱讀五分鐘，現在大部分的晚上是閱讀二十分鐘、滑手機五分鐘。」

這個人的生活十分忙碌，但現在每星期又能騰出將近兩小時的閱讀時間。她沒有浪費不必要的時間在不重要的事物上，這正是這條簡單的規則具備的力量。

採取下一步

改善零碎時間

運用零碎的時段從事費力的消遣，閱讀是最輕鬆的一種。如果覺得零碎時間正從你的手中溜走，那就先閱讀，再滑手機，藉此開始加強「先做費力的事，再做不費力的事」的習慣。

不過，一旦對此感到自在了，或可在零碎時間往外擴展興趣，只要開始留意，就會發現零碎時間相當多。很多的嗜好——甚至是意想不到的嗜好——也許適合當成小嗜好，只要幾分鐘就有進展。舉例來說：

音樂：如果你會彈鋼琴（或者等小孩上床睡覺後，戴上耳機，彈電子琴），或演奏其他任何一種樂器，那就可以利用一天當中的零碎時間觀看YouTube影片，欣賞其他樂手演奏你正在學的曲目。等到晚上坐下來練習的時候，你已經吸收了多種的演繹手法，對於你演奏樂曲的方式，也有嶄新的見解。在家工作者可以把樂器放在附近。如果電話會議臨時取消，你或許就能重複練習某個棘手的樂段，之後為了晚餐而預熱烤箱的時候，或許也能多練幾次。

藝術：大部分的人都不會把自己的油畫和畫架帶到職場。不過，如果你正在畫花園景色和幾隻蜂鳥，就可以訂購一本漂亮的蜂鳥插圖書，在會議之間的空檔或候診的空檔翻看。也可以看很多美術館的線上館藏，汲取靈感。五分鐘後，就懂得比較三位藝術家描繪蘋果的手法，對於週末畫的靜物畫，也會有一些想法。你甚至可能會在較長的空檔，開始素描打草稿。其他類型的藝術甚至更適合在紙花時間進行。你在人行道上面看到一道非常吸引人的陰影，就拍了十幾張相片。你可以輕鬆地挑選十字繡的景色放進去，或使用數位拼貼應用程式。

烘焙：有抱負的烘焙人也許會使用零碎時間翻閱新的食譜，或者觀看影片，把大師都覺得困難的技巧給學起來。建立只追蹤烘焙人和食物造型師的社群媒體帳號，零碎時間就能專注在創意上。同樣的，閱讀美食部落格會比提神的標題更能帶來活力。

園藝：瀏覽觀賞樹清單，看看你可能會為自家花園購買的觀賞樹，並且研究其他地方的庭園景觀設計。閱讀園藝雜誌裡的文章，或翻閱圖書館借來的、氣候完全不同的園藝相關書籍。至於在家工作的日子，可以穿著稍微弄髒也沒關係的褲子。十分鐘的時間就很充裕了，可以拔一些雜草，或者種幾顆球根植物，或者剪下一些花枝，插進桌上的花瓶裡。

想想自己最愛的費力的消遣是什麼，這樣或許會有幫助。要從一整天的時間找到一些片刻，在這趟探險中有所進展，可以採用什麼方式呢？這問題會激起人的好奇心，不是被迫有生產力。沒人需要每一分鐘都利用，但另一方面，就算是短短幾分鐘，也值得不去浪費。我們在生活中做的任何一件事，都是要花時間的。願意利用零碎時間，機會的大門就會打開，而獲得的喜悅會遠多於我們想像的程度。

輪到你了

先做費力的事，再做不費力的事

● 規劃問題：

1. 你最愛的「費力的消遣」類型有哪些？換句話說，就是需要規劃、協調或注意的那些消遣。
2. 晚上睡前幾個小時或週末的休息時間，你通常會做什麼休閒活動？
3. 據你估算，平常上班日，你在社群媒體上面花了多少時間（以分鐘計）？那週末呢？是發生在什麼時候？
4. 據你估算，平常上班日，你在電視或其他影視娛樂上面花了多少時間（以分鐘計）？那週末呢？
5. 今天，選擇一種「費力的消遣」，在觀看螢幕以前先做。那會是什麼呢？
6. 先做費力的消遣、再做不費力的消遣，可能會碰到哪些難關？
7. 為了確保你會先花時間從事這個費力的消遣活動，需要發生什麼情況？

● 實踐問題：

1. 回頭檢討過去一週的情況。你騰出時間去做哪些「費力的消遣」？
2. 為了去做這個費力的消遣，你是在何時選擇騰出時間的？
3. 騰出時間從事費力的消遣以後，你看到自己的生活受到了哪些影響？
4. 設法先做「費力的消遣」、再做「不費力的消遣」時，你面對了哪些難關？
5. 你怎麼應對這些難關？
6. 如果你更改了這條規則，你是怎麼做的？
7. 你在生活中繼續應用這條規則的機率有多大？

結語

為了讓觀眾看得吃驚連連，凡是優秀的表演者都熟稔以下公式：你逐漸提高難度，最後沒人相信你竟然做得到。雜技演員站在球上面保持平衡，看起來夠搖搖晃晃的，所以他自然會在頭頂上加一個盤子，一次放一個盤子，最後放上接近天花板的一疊盤子。小丑先耍四顆球，然後耍五顆球，又有兩顆球被丟進那五顆球當中，一旦他看起來就是再也加不了球的時候，燈熄滅了，球亮了起來。他在黑暗中耍著所有的球！

我覺得這種表演很吸引人，也許是因為生活往往有如馬戲表演。你依照難度，替每週的情況劃分等級。這週一開始是出差，還有工人要來修屋頂。不太壞。接著，我們加上了備用的托育安排，狗吃壞肚子。觀眾開始低聲抱怨。再加上新客戶要求我們提案，在停車場發生擦撞，而那個有重要表演的早上，小孩發現西裝褲不合身。另一個小孩說，他剛加入了課後社團，社團沒有固定星期幾聚會，時間長度也不一，所以他今天下午沒搭公車回家，傳訊息給你，說十分鐘後，要有人過來接他。觀眾的身體往前傾，哪些球會飛出去？

建構美好的人生，是很複雜困難的計畫。若要勞心勞力打造事業、養家，或投入其他有意義的事務，那要建構美好人生，就特別複雜困難了。然而，只要去研究優秀的馬戲表演者，就會發現看似混亂的情況通常一點也不混亂，全都是仔細排練過的，並在必要時進行調整，有條不紊地應對日益增加的難度。細看，那疊搖晃的盤子底下，是一副平靜的面容。就又是職場的一天罷了。身處於荒謬的情景，還是有可能樂在其中。

這就是我對效率時間規則所抱持的想法。要付出一番心力，才能在生活中養成這些習慣。就算生活的馬戲持續不斷，但這些習慣只要成為背景敘事的一部分，就還是能夠平息混亂，幫助我們騰出時間去做重要的事情。若是期望馬戲很快就會慢下來，就不明智了。這些習慣可以幫助我們享受現在的生活。一開始看似困難的事情，在一段時間過後，就開始覺得容易了。

為了確認情況是不是這樣，二〇二一年八月，計畫開始後的六個月、計畫結束後的三個月，我針對效率時間的參與者進行後續追蹤。我請參與者思考計畫本身，還有計畫對生活的影響。

幸好時間滿意度的分數居高不下。

我製作的「時間滿意度量表」是用來調查人們**昨天**怎麼度過時間，採納的問題是跟心力、在目標上的進度、不浪費時間有關，而從最初的調查問卷到最終的後續追蹤，分數上升了百分之十五。參與者對於自己度過時間的方式，滿意度分數**普遍**上升了百分之十八。這些結果在統計數據上非常顯著。

我請參與者思考自己做出了哪些具體的改變。雖然人們提到了個別規則具備的實際益處，但是把所有規則放在一起思考的時候，很多人都表示，最大的改變是看待時間和生活的方式有所轉變。

「整體上，在度過時間的方式上，會因此更特地付出心力，主要是會努力戰勝那種『我的生活是無止盡的待辦清單』的感覺。」有人如此寫道。

還有個談到意向性的人表示：「我改變了那個對自己訴說的故事，這點我最引以為傲。我確實有時間去做心目中重要的事情，也有時間從事消遣。」

對許多人來說，採用每週的觀點尤其有幫助，原本覺得時間短缺，後來覺得時間充裕。

「我現在完全是以週為單位來看待時間，我的規劃能力大幅提升。」有位參與者寫道：「我好像更意識到自己能把想完成的事情列為優先（而且）沒達到每天的進度也不會覺得自己很失敗。每週的進度很重要！」還有人寫道：「我並未看重『失去』的一天，我看的是大局（規劃和事後回顧都是以大局為重）。」

規則本身往往成了座右銘。有人說：「效率時間的有些部分已經成了內在的對話。舉例來說，小孩上床睡覺以後，我會想想自己想做什麼事，然後聽見『先做費力的事，再做不費力的事！』有時我會聽進去，有時不會聽，但我比以前還要更常落實這條規則！」

當這些規則在人們的腦袋裡回響著（我喜歡想成是他們在聆聽我的聲音），他們開始在生活中享有更多的靜謐感。有人寫道：「因為我天生容易神經緊張，所以對於時間，對於完成足夠的進度，我會緊張不安。透過效率時間計畫，我體會到生活不只是埋頭工作而已。」這個人根據「一個大探險，一個小探險」的座右銘擬定計畫，在上班日騰出空檔從事小探險，比如參加當地美術館舉辦的Zoom會談。生活變得不只是擔心待辦清單而已，時間本身開始隨之轉變。

在忙碌的生活當中，有更多的消遣，更多的平靜感。

「我覺得自己更有掌控感了，這是我最引以為傲的地方。」有個人這樣寫道，還舉例說：「與其留到星期五，不如上半週就把事情做好，比如花時間投入職場的專業發展，然後把備用時段和規劃都安排在星期五。這樣一來，我就會覺得自己不那麼受到工作危機的控制，適應力更強，還能應對這週冒出來的事情。」

時間既寶貴又充裕，而隨著人們對時間的觀念有所改變，他們開始接納這樣的悖論。有人寫道：「我變得更保護自己的時間。事情跟我的優先事項沒關係的話，我就會更常說不。做的事情可以善用我的時間，我就會更全神貫注。我更照顧自己，照顧最有意義的關係。老實說，在人生中非常辛苦的時期，還參與這項研究，我以自己為榮。」

那段時期確實很辛苦。二〇二二年年初，我寫這些文字的時候，還是一段辛苦的時期，新的變異株再度大幅危害到行程。誰曉得接下來會有什麼危機？我們當中沒有一個人能夠充分影響那些力量，但那些力量卻會影響我們的生活。儘管面對著巨大的旋力，還是有很多時間是我們可以主導的。就算有些事情我們主導不了，我們還是可以主導自身的感受。

「在完全混亂的時期，這個計畫讓我變得樂觀起來。」有人寫道：「我需要那樣，非常需要。」

我也需要，所以度過每天的馬戲生活時，我會盡力實踐這些規則。我準時上床睡覺，在星期五規劃後續幾週的行程，中午前就活動筋骨，確保我在乎的事情——例如跟家人一起用餐——至少一個星期要發生三次，安排空白時段和備用時段，規劃我的探險，空出一晚練合唱，分批處理小工作，先閱讀或拼拼圖，再滑手機看頭條新聞。嗯，我有時會做這些事情。有些日子，我會覺得這些規則更容易做到。不過，我很清楚，當忙得團團轉的時期，當狀況亂得不可開交的時候，當搬遷後被一堆箱子包圍的時候，當學校改為線上課程的時候，當新冰箱消失在供應鏈黑洞的時候，當克服多個最後期限的時候，正是這些規則最為重要的時候。

「我認為這個計畫非常有用，可以培養習慣，還幫我避開了以下的說法：『我沒時間去做我想做的事情』。」有人寫道：「我絕對有時間，我只是必須要遵守紀律才行。」

我們全都是如此。幸好一段時間過後，習慣的車轍越輾越深，一切都變得輕鬆了。那麼何不現在就開始呢？

在此不是要保證效率時間規則一夜之間就能帶來奇蹟。有些規則需要一段時間才會產生作用。不過，根據成千上萬的資料點，還有長時間的觀察，我確實知道這些規則是經過檢驗的贏家。如果像你一樣忙碌的其他人都覺得這些規則很有幫助，那麼你很可能也會覺得十分有用。有些規則在這星期二前就會改變你的生活。其他規則呢？其他規則的魔力會逐漸讓生活變得更落實，以後所有的星期二（或者任一天）皆是如此。

誌謝

在此感謝所有為效率時間計畫與本書出一份力的人們。

首先，謝謝那麼多人花時間參與二〇二〇年秋季前導階段以及二〇二一年春季主要階段的問卷調查。參與者訴說了自身的難關與成就，而參與者充滿洞見的回答更讓本書得以面世。我在減少效率時間規則時，有些人同意了我的部落格提出的「時間大改造」，在此也很感謝他們。那些故事有很多都收錄在本書，專家和其他傑出人士提出的見解也收錄了。

感謝潔西・韋柏（Jessica Webb）設計效率時間調查問卷，編纂問卷結果並進行分析。她注意細節，審視哪些回答值得強調，所以撰寫本書的經驗變得靜謐多了。

為了招募人員投入效率時間計畫，為了設計及管理那些要寄給參與者的電子郵件，我需要優秀的數位團隊。幸好，南西・席德（Nancy Sheed）和麗茲・福克斯（Lizzy Fox）確保了成千上萬封看來不錯的電子郵件都寄到了合適的地方。

感謝艾蜜莉・史都華（Emilie Stewart）協助設計提案，並跟Portfolio合作，勾勒出本書的輪廓。十分謝謝莉亞・楚伯斯特（Leah Trouwborst）負責本書的組稿，謝謝金柏莉・梅倫（Kimberly Meilun）細心又耐心編輯，謝謝Portfolio團隊的其餘成員負責編審、設計、宣傳。

這些年來，我在自己開的Podcast節目，探討過本書提到的許多概念。感謝莎拉・哈特-安格（Sarah Hart-Unger）滿腔熱忱地跟我共同主持《兩全其美》（Best of Both Worlds）Podcast節目，感謝iHeartMedia（特別感謝羅威・布里蘭〔Lowell Brillante〕）製作《早餐之前》（Before Breakfast）Podcast節目。

寫作有時是孤獨的奮鬥，所以很感謝其他文字工作者的支持。凱瑟琳・路易斯（Katherine Lewis）和KJ・戴爾安東尼亞（KJ Dell'Antonia）每週負責提供支援，而克里斯・貝利（Chris Bailey）、卡蜜兒・帕剛（Camille Pagán）、凱瑟琳・陳（Katherine J. Chen）、安・柏格（Anne Bogel）組成的寫作策略小組，向我提出了很多很棒的想法，還帶我遠離我提出的不好的想法）。對於我參與其中卻是匿名運作的一些其他的寫作負責小組，我也深表感謝。有了秘訣，生活會一直很有趣。

談到要讓生活一直很有趣，我的家人一直給了我新的書寫題材。十分謝謝麥可提供支援，謝謝孩子們——賈斯普、山姆、露絲、艾力克斯、亨利——順應著我提出的探險想法。雖然生活往往有如馬戲，但是在達到效率時間這方面，我們做得相當不錯，這一路上也享受了很多的消遣。

附錄

時間滿意度量表

請表明你對於以下各句有多同意（從非常不同意到非常同意）。

（1＝非常不同意；2＝不同意；3＝有點不同意；4＝沒意見；5＝有點同意；6＝同意；7＝非常同意）

昨天，我有充分的時間去做我想做的事情。

1 2 3 4 5 6 7

昨天，我睡眠充足，覺得充分休息了。

1 2 3 4 5 6 7

昨天，我在事業目標上有所進展。

1 2 3 4 5 6 7

昨天，我在個人目標上有所進展。

1 2 3 4 5 6 7

昨天，我有充分的心力去處理自己的責任。

1 2 3 4 5 6 7

昨天，我對自己度過的休閒時間感到滿意。

1 2 3 4 5 6 7

昨天，我沒浪費時間去做我覺得不重要的事情。

1 2 3 4 5 6 7

我通常有充分的時間去做我想做的事情。

1 2 3 4 5 6 7

我通常有充分的心力去做我想做的事情。

1 2 3 4 5 6 7

整體上，對於我的關係和我在個人優先事項上的進度，我覺得不錯。

1 2 3 4 5 6 7

整體上，我在事業目標上有所進展。

1 2 3 4 5 6 7

我度過時間的方式通常合乎我的優先事項和價值觀。

1 2 3 4 5 6 7

我定期安排專屬自己的時間。

1 2 3 4 5 6 7

註釋

P.29 二〇二〇年，一般人的睡眠時間：American Time Use Survey, Table 1, "Time spent in primary activities and percent of the population engaging in each activity, averages for May to December, 2019 and 2020," www.bls.gov/news.release/atus.t01.htm.

P.29 有工作且小孩未滿六歲的家長：American Time Use Survey, Table 8B, "Time spent in primary activities for the civilian population 18 years and over by presence and age of youngest household child and sex, 2019 annual averages, employed," U.S. Bureau of Labor Statistics, www.bls.gov/news.release/atus.t08b.htm.

P.30 就像社會學家亞莉・霍希爾德（Arlie Hochschild）的描寫：Arlie Hochschild, *The Second Shift: Working Families and the Revolution at Home* (New York: Penguin, 1989), 10.

P.31 年度美國睡眠普查報告：National Sleep Foundation, Sleep in America Poll 2020 press release: "Americans Feel Sleepy 3 Days a Week, With Impacts on Activities, Mood & Acuity," www.thensf.org/wp- content/uploads/2020/03/SIA-2020-Report.pdf.

P.48 根據史鮑的看法：Benjamin Spall，作者訪談。

P.73 美國前總統艾森豪說過一句名言：Dwight Eisenhower, “Remarks at the National Defense Executive Reserve Conference,” November 14, 1957, www.presidency.ucsb.edu/documents/remarks-the-national-defense-executive-reserve-conference.

P.88 結果發現規律運動的效用：例如，參見 S. Kvam, C. L. Kleppe, I. H. Nordhus, and A. Hovland, “Exercise as a treatment for depression: a meta-analysis,” *J. Affect Disord* 202 (2016): 67–86.

P.88 運動的作用如同：例如，參見 Giselle Soares Passos et al.,“Is exercise an alternative treatment for chronic insomnia?” *Clinics* (Sao Paulo, Brazil) 67, no. 6 (2012): 653–60. https://doi:10.6061/clinics/2012(06)17.

P.88 有一項研究發現：Polaski, Phelps, Szucs, Ramsey, Kostek, and Kolber, “The dosing of aerobic exercise therapy on experimentally-induced pain in healthy female participants,” *Scientific Reports* 9, no. 1 (2019): 14842. https://doi:10.1038/s41598-019-51247-0.

P.88 研究人們一整天的活力高低：Janeta Nikolovski and Jack Groppel, “The power of an energy microburst,” white paper (2013), www.researchgate.net/publication/280683168_The_power_of_an_energy_microburst.

P.159 發現有個例子：Sendhil Mullainathan and Eldar Shafir, *Scarcity: Why Having Too Little Means*

So Much (New York: Times Books, 2013), 183–86.

P.233 赴了一個又一個的約：Leo Tolstoy, *War and Peace*, trans. Ann Dunnigan (New York: Signet Classic, 1968), 522.

P.259 美國社群媒體使用者：Statista Research Department, "Average daily time spent on social media by U.S. adults 2017–2022," April 28, 2021, www.statista.com/statistics/324267/us-adults-daily-facebook-minutes.

P.269 有全職工作的一般人：American Time Use Survey, Table 9, "Time spent in leisure and sports activities by selected characteristics, averages for May to December, 2019 and 2020," www.bls.gov/news.release/atus.t09.htm.

P.276 某項很有意思的研究發現：Daniel S. Hamermesh and Jungmin Lee, "Stressed Out on Four Continents: Time Crunch or Yuppie Kvetch?" National Bureau of Economic Research Working Paper Series, no. 10186 (December 2003), www.nber.org/papers/w10186.

國家圖書館出版品預行編目(CIP)資料

靜謐時光：平息混亂，騰出時間做要事 / 蘿拉．范德康(Laura Vanderkam)著；姚怡平譯. -- 初版. -- 臺北市：遠流出版事業股份有限公司, 2024.05
面；　公分

譯自：Tranquility by Tuesday : 9 ways to calm the chaos and make time for what matters

ISBN 978-626-361-569-4(平裝)

1.CST: 時間管理 2.CST: 工作效率

494.01　　113003096

靜謐時光

平息混亂，騰出時間做要事

Tranquility By Tuesday
9 Ways to Calm the Chaos and Make Time for What Matters

作　　者——蘿拉・范德康 Laura Vanderkam
譯　　者——姚怡平

主　　編——許玲瑋
編　　輯——黃倩茹・許玲瑋
中文校對——魏秋綢
封面設計——日暖風和
內頁版型——日暖風和
排　　版——立全電腦印前排版有限公司
製　　版——中原造像股份有限公司
印　　刷——中康彩色印刷事業股份有限公司

發 行 人——王榮文
出版發行——遠流出版事業股份有限公司
地　　址——104005 台北市中山北路一段11號13樓
電　　話——（02）2571-0297
傳　　真——（02）2571-0197
著作權顧問——蕭雄淋律師
遠流博識網 http://www.ylib.com

YLS014
ISBN 978-626-361-569-4
2024年5月1日初版一刷　　定價420元